竭尽全力 人生需要

求真 / 选编

REN SHENG
XU YAO
JIE JIN QUAN LI

U0782368

民主与建设出版社

·北京·

© 民主与建设出版社，2014

图书在版编目(CIP)数据

人生需要竭尽全力 / 求真选编. — 北京：民主与建设出版社，2014.9

ISBN 978-7-5139-0416-2

Ⅰ.①人… Ⅱ.①求… Ⅲ.①成功心理–通俗读物

Ⅳ.①B848.4-49

中国版本图书馆CIP数据核字(2014)第187724号

人生需要竭尽全力
REN SHENG XU YAO JIE JIN QUAN LI

出 版 人	许久文
编　　者	求　真
责任编辑	王　越
策　　划	学海伟业
装帧设计	李俏丹
出版发行	民主与建设出版社有限责任公司
电　　话	（010）59417747　59419778
社　　址	北京市海淀区西三环中路10号望海楼E座7层
邮　　编	100142
印　　刷	北京建泰印刷有限公司
版　　次	2014 年11月第1版
印　　次	2020 年5月第2次印刷
开　　本	880mm×1230mm　1/32
印　　张	9
字　　数	180千字
书　　号	ISBN 978-7-5139-0416-2
定　　价	36.00元

注：如有印、装质量问题，请与出版社联系。

目录

勇过人生独木桥

人生需要竭尽全力

必须做英雄

上帝创造了一群鱼

爱比恨更有力

给予是一种幸福

01

勇过人生
独木桥

父亲的
笑脸

三年前的一天，我考高中，分数不够，要交八千元。正在发愁时，父亲回家笑着对母亲说，我下岗了。母亲听了就哭了，我跑过来问怎么了，母亲哭着说，你爸爸下岗了。父亲傻乎乎地笑个不停。我气愤地说，你还能笑得出来，高中我不上了！母亲哭得更凶了，说，不上学，你爸就是没有文化才下岗的。我说，没有文化的人多的是，怎么就他下岗，无能！

父亲失去工作的第二天就去找工作。他骑着一辆破自行车，每天早晨出发，晚上回来，进门笑嘻嘻的。母亲问他怎么样。他笑着说，差不多了。母亲说，天天都说差不多了，行就行，不行就重找。父亲道，人家要研究研究嘛。一天，父亲进门笑着说，研究好了，明天就上班。第二天，父亲穿了一身破衣服走了，晚上回来蓬头垢面，浑身都是泥浆。我一看父亲的样子，端着碗离开了饭桌。父亲笑了笑说，这孩子！第二天，父亲回家时穿得干干净净，脏衣服夹在自行车后面。

两个月下来，工程完了，工程队解散了，父亲又骑个自行车早出晚归找工作，每天早晨准时出发。我指着父亲的背影对母亲说，他现在的工作就是找工作，你看他忙乎的。母亲叹道，你爸爸是个好人，可惜他太无能了，连找工作都这么认真负责，还能下岗，难道真的是人背不能怪社会？

一天，父亲骑着一辆旧三轮车回来，说是要当老板，给自己打工。我对母亲说，就他这样的，还当老板？我对父亲的蔑视发展到了仇恨，因为父亲整天骑着他的破三轮车拉着货，像个猴子一样到处跑。我们小区里回荡着他的身影，他还经常去我的学校送货，让我很是难堪。在路上碰见骑三轮车的父亲，他就冲我笑一下，我装作没有看见不理他。

有一次我在上学路上捡到一块老式手表，手表的链子断了，我觉得有点熟悉。放学路上，我看见父亲车骑得很慢，低着头找东西，这一次父亲从我面前走过却没有看见我。中午父亲没有回家吃饭，下午上学时我又看见父亲在路上寻找。晚上父亲笑嘻嘻地进门，母亲问，中午怎么没有回家吃饭。父亲说，有一批货等着送。我看了父亲一眼，对他突然产生了一种从没有过的同情。后来才知道，那块表是母亲送给父亲的唯一礼物。

有一天，我在放学路上看见前面围了好多人，上前一看，是父亲的三轮车翻了，车上的电冰箱摔坏了，父亲一手摸着电冰箱一手抹眼泪。我从没有见父亲哭过，看到父亲悲伤的样子，慌忙往家跑。等我带着母亲来到出事地点时，父亲已经不在了。晚上父亲进门笑嘻嘻的，像什么事也没发生一样。母亲问，伤着哪没有？父亲说，什么伤着哪没有？母亲说，别装了！父亲忙笑嘻嘻地说，没事，没事！处理好了，吃饭。第二天一早，父亲又骑三轮车走了。母亲说，孩子，你爸爸虽然没本事，可他心好，要尊敬你爸爸。我点了点头，第一次觉得他是那么可敬。

我和爸爸不讲话已经成了习惯，要改变很难，好多次想和他说话，就是张不开口。父亲倒不在乎我理不理他，他每天都在外面奔波。我暗暗下决心一定要考上大学，报答父亲。每当学习遇到困难或者夜里困了，我就想起父亲进门时那张笑嘻嘻的脸。

离开家上大学的那一天，别人家的孩子都是打"的"或有专车送到火车站，我和母亲则坐着父亲的三轮车去。父亲就是用这辆三轮车，挣够了我上大学的学费。当时我真想让我的同学看到我坐在父亲的三轮车上，我要骄傲地告诉他们这就是我的父亲。

父亲把我送上火车，放好行李。火车要开了，告别时我再也忍不住了，终于大声喊道，爸爸！除了大声地哭，我一句话也说不出来。父亲笑嘻嘻地说，这孩子，哭什么！

一种
幸福

被人相信是一种幸福。

一艘货轮在大西洋上行驶。一个在船尾搞勤杂的黑人小孩不慎掉进了波涛滚滚的大西洋。孩子大喊救命，无奈风大浪急，船上的人谁也没有听见。

船越来越远，孩子力气也快用完，实在游不动了。放弃吧，他对自己说。这时候，他想起了老船长那张慈祥的脸和友善的眼神。不，船长知道我掉进海里后，一定会来救我的！想到这里，孩子鼓足勇气用生命最后的力量又朝前游去。

船长终于发现那黑人孩子失踪了，当他断定孩子是掉进海里后，下令返航，回去找。这时，有人规劝："这么长时间了，就是没有被淹死，也让鲨鱼吃了。"船长犹豫了一下，还是决定回去找。又有人说："为一个黑奴孩子，值得吗？"船长大喝一声："住嘴！"

终于，在那孩子就要沉下去的最后一刻，船长赶到了，救起了孩子。

当孩子苏醒过来之后，跪在地上感谢船长的救命之恩时，船长扶起孩子问："孩子，你怎么能坚持这么长时间？"

孩子回答："我知道你会来救我的，一定会的！"

"你怎么知道我一定会来救你的？"

"因为我知道您是那样的人！"

听到这里，白发苍苍的船长扑通一声跪在黑人孩子面前，泪流满面："孩子，不是我救了你，而是你救了我啊！我为我在那一刻的犹豫而感到耻辱。"

一个人能被他人相信是一种幸福。他人在绝望时想起你，相信你会给予拯救更是一种幸福。

奔跑的
动力

黑马！又见黑马！

当她第一个冲过终点线时，整个赛场沸腾了。不可思议，在高手如云的国际马拉松比赛中，冠军竟然是个训练仅一年的业余选手！

27岁的切默季尔，肯尼亚的一名农妇，因此一举成名。

切默季尔的全家都住在山区，她的丈夫是个老实巴交的庄稼汉，除了种地一无所长。一年前，切默季尔还一筹莫展，为无法给4个孩子供给学费暗自伤心。丈夫抽着闷烟安慰她："谁叫孩子生在咱穷人家，认命吧！"

如果孩子们不上学，只能继续穷人的命运！难道只能认命？她不甘心。

当地盛行长跑运动，名将辈出，若是取得好名次，会有不菲的奖金。她还是少女时，曾被教练相中，但因种种原因未果。此刻，她脑中灵光一闪：不如去练习马拉松！

马拉松是一项极限运动，坚强的意志和优良的身体素质缺一不可。她已近27岁，没有足够的营养供给，从未受过专业基础训练，凭什么取胜？冷静之后，她也胆怯过，可是除此之外别无他途。如果连做梦的勇气都没有，那永无改变的可能。

丈夫最后也同意了她大胆的"创意"。第二天凌晨，天还黑着，她就跑上崎岖的山路。只跑了几百米，她的双腿就像灌了铅一般。停下喘口气，接着再跑。与其说是用腿在跑，不如说是用意志在跑。跑了几天，脚上就磨出无数的血泡。她也想打退堂鼓，可回家一看到嚷着要读书的孩子，她又为自己的懦弱感到羞愧。不能退缩！她清醒地知道，这是唯一的希望！

训练强度逐渐增加，但她的营养远远跟不上。有一天，日上竿头，她仍然没有回家，丈夫担心她出事，赶紧出门寻找，终于在山路上发现了昏倒在地的妻子。他把妻子背回家里，孩子们全部围了上来，大儿子哭着说："妈妈，不要再跑了，我不上学了！"她握着儿子的小手，泪水像断线的珠子涌出，一言不发。次日一早，她又独自一人，奔跑在寂静的山路上。

经过近一年的艰苦训练，切默季尔第一次参加国内马拉松比赛，获得了第七名的好成绩，开始崭露头角。有位教练被她的执著深深感动，自愿给她指导，她的成绩更加突飞猛进。

终于，切默季尔迎来了内罗毕国际马拉松比赛。为了筹集路费，丈夫把家里仅有的牲口都卖了，这可是家里的全部财产。发令枪响后，切默季尔一马当先跑在队伍前列，这是异常危险的举动，时间一长可能会体力不支，甚至无法完成比赛。但为了孩子，为了家庭，她豁出去了。

或许上帝也被切默季尔的真诚所感动。她一路跑来，如有神助，2小时39分零9秒之后，她第一个跃过终点线。那一刻，她忘了向观众致敬，趴在赛道上泪流满面，疯狂地亲吻着大地。

突然冒出的黑马，让解说员不知所措，手忙脚乱，忙活了好半天才找齐她的资料。

颁奖仪式上，有体育记者问她："您是个业余选手，而且年龄处于绝对劣势，我们都想知道，究竟是什么力量让您战胜众多职业高手，夺得冠军？"

"因为我非常渴望那7000英镑的冠军奖金！"此言一出，场下一片哗然。她的话太不合时宜，有悖体育精神。切默季尔抹去泪水，哽咽着继续说："有了这笔奖金，我的4个孩子就有钱上学了。"喧闹的运动场忽然寂静，人们这才明白，原来，孩子才是她奔跑的力量。瞬间，场下响起雷鸣般的掌声，那是人们对冠军最衷心的祝贺，也是对母亲最诚挚的祝福。

切默季尔成了肯尼亚的偶像，有人说她是长跑天才，有人说这是贫困造就的冠军，还有人说无需理由，这就是一个奇迹。是的，又一个体育奇迹：不过缔造者并非职业运动员，而是——母亲！

给未来
总统的礼物

杰斯出生在圣彼得堡的一个书香门第，父亲是大学教授。虽然父亲的薪水不低，但一家老老少少十几口人都依赖于父亲。所以，他的家庭并不富裕，虽不至于挨饿，但也常常捉襟见肘。

他至今都记得在他16岁生日的时候，父亲对他说了句"杰斯，生日快乐"。所谓的生日礼物也只是一支很普通的钢笔。而在他生日来临的前一段日子，他有意无意地向父亲透露出想买条牛仔裤的愿望。并在各方面都尽力表现很好。

他本来以为父亲会送给他一条牛仔裤作为生日礼物。可是，事实却让他倍感失落和痛苦，甚至愤怒。在圣彼得堡，男孩子从16岁就意味着是成人了。而16岁生日这天，父母一般都会送孩子一份他渴望的礼物，来作为成人贺礼。

没有得到牛仔裤的杰斯觉得在父母心中他丝毫不重要，被轻视和被抛弃的感觉让他流下了眼泪。杰斯的心思，父亲是明白的。他给杰斯的解释是：一条真正的Levis牌牛仔裤价格高达500卢布，而他的月工资只有200卢布。如果买一条牛仔裤给杰斯，全家人都会因此受穷受苦一段时间。而他又不愿意去买一条价格便宜但质量低劣的冒牌牛仔裤送给杰斯，尤其不愿意在杰斯16岁生日这个重要的日子里当生日礼物送给他。

对于父亲的解释，杰斯根本无法理解，也不愿意去理解。他用眼泪和脸上的表情无声地表达着自己的抗议。父亲并没有安慰他，相反很严肃地对他说："我知道你此时的心情，但别指望我向你道歉。我没有错，只是没有能力满足你的愿望而已。从今天起，你就是大人了，不要轻易掉眼泪，因为它没有任何意义。或许你认为我不是个称职的父亲，那我希望你以后做一个出色的父亲，不要把你现在所承受的痛苦传递给你的孩子。"

"我一定会比你做得好。将来我要做了父亲，我会送他无数条牛仔裤，会满足他所有的愿望，我会让他因为我感到骄傲。"性格倔犟的杰斯几乎是一个字一个字地说出这些话来。

"很好，我愿意将你说的这些话看成你的成人宣誓，但愿你不要忘记它，最好铭记在心里。"父亲说完这句话，就去上班了。杰斯站在原地，久久地咬着自己的嘴唇。

虽然是父亲强行把杰斯气愤之下说的一番话看成是他的成人宣誓，但杰斯接受了，他赌气要证明给父亲看。虽然，仅仅16岁，他就发誓将来要做个有成就的人，有成就的父亲，让自己的孩子以自己为骄傲。

当然，他知道这需要异常的努力。他瞒着父亲，到一家机械修理厂打零工，天天冒着被机械弄伤的危险，在那里他赚到了20

卢布。对于平时口袋里只有半个卢布(50戈比)或者1个卢布零花钱的他来说，这简直是笔"巨额财富"。他拿着钱跑到商场，牛仔裤的柜台很少有人光顾。他偷偷地看了看标签，最便宜的也要480卢布。他吐了吐舌头，在那一刻，他也理解了父亲的苦衷。

高中毕业后，许多要好的同学去工厂做了工人。这样能减轻家里的负担，也有份稳定的工作，可以真正开始规划自己的人生。而杰斯却执意要去读大学，在他看来，要想改变命运、有光明的未来，读大学是他唯一的捷径。

杰斯从来都没有忘记自己的誓言，要做一个有成就的人。所以，他坚定地要读大学，无论多难都要读。上大学时，杰斯因成绩优异获得最高奖学金，但是钱仍然不够。为此他经常利用暑期勤工俭学，到建筑工地打工，一个月可以挣到300卢布。而开学后，则会找份清洁工的工作。

无论多苦多累，杰斯在学习上从来没有丝毫的懈怠。靠着半工半读，他一直读到博士毕业。既要打工赚钱，又要学习成绩出色，杰斯注定要比别人付出更多。从读大学开始，他几乎很少能睡个痛快觉。在他们那一届的博士生中，身高仅1.62米的杰斯被导师称为"身材最矮但最能吃苦的学生"。

这个叫杰斯的孩子现在的名字是：梅德韦杰夫。2008年3月2日，他胜利当选为俄罗斯新一届总统。在大选结果揭晓的当天晚上，43岁的梅德韦杰夫像个调皮的孩子一样，给圣彼得堡的父亲打了电话，幽默地说："你现在去问问我的孩子们，看看他们是不是为自己的父亲而感到骄傲。顺便说一句，我也和他们一样。"当年的杰斯早已经理解了父亲。在他看来，16岁生日那天，父亲其实给了他最好的生日礼物——奋斗的最初动力。

出身无法选择，贫困不是抱怨的借口，也不是沉沦的理由。如果自己没有一个有成就的父亲，那就去努力做一个有成就的父亲。不把自己曾经吃过的苦传递给孩子，爱也足以成为一个人去奋斗的动力。

厚积的人生

他只身从农村来到城市，只有初中毕业，身体非常单薄，只能找点比较轻的体力活干。他到了一家保洁公司，主要工作就是擦玻璃，公司管食宿，每月工资300元。

他很满足，干起活来十分卖力。有人问他："你这么小，为什么不在家上学，出来受罪赚这点钱？"他说："我家里穷，父亲瘫了，母亲种地，家里没钱供我上学，我文化太低，能有这份工作已很满足了，每月还能给家里寄点钱呢。"

他在这家保洁公司一直擦玻璃，他的同事换了一批又一批，有的甚至刚做三四天就因为嫌薪水少、干活脏走了，他一直坚守着这个位置。整整五年，他已经是二十多岁的大小伙子，这座城市里的写字楼、宾馆、商场他几乎都去服务过多次。他工作一如既往的卖力，一丝不苟，很多顾客还点名要公司派他过来，他简直成了公司的形象代言人。

人们都知道他，他和他的服务对象成了熟人和朋友。有一天，有个新来的女孩问他："听说你擦了五年的玻璃，每月只挣300块钱，为什么不换个工作呢？"他笑笑说："会换的。"

有一天，人们熟知的擦玻璃工突然消失了。几天后，一家快餐店开业了，老板就是擦了五年玻璃的他。快餐很适应城市的快节奏，竞争自然异常激烈，而他的快餐店却很快打开了局面。

原因很简单，他在擦玻璃的五年，走遍了每个写字楼、宾馆、商场，结识了里面的人，五年擦玻璃的表现已经给人们留下了深刻的印象。当他的快餐店发展到整个城市的角落，资产逾千万时，认识他的人无不感慨地说："这位老板曾擦了五年的玻璃。"

有记者采访他，问他如何从一个擦玻璃的打工仔开快餐店，并在众多实力雄厚的竞争对手中脱颖而出时。他只说了一句："因为我曾为人擦过五年的玻璃，并且擦得很好！"

差不多
先生传

你知道中国有名的人是谁？提起此人，人人皆晓，处处闻名，他姓差，名不多，是各省各县各村人氏。你一定见过他，一定听别人谈起他。差不多先生的名字天天挂在大家的口头上，因为他是中国全国人的代表。

差不多先生的相貌和你我都差不多。他有一双眼睛，但看得不很清楚；有两只耳朵，但听得不很分明；有鼻子和嘴，但他对于气味和口味都不很讲究；他的脑子也不小，但他的记性却不很精明，他的思想也不很细密。

他常常说："凡事只要差不多，就好了。何必太精明呢？"

他小的时候，他妈叫他去买红糖，他买了白糖回来，他妈骂他，他摇摇头道："红糖白糖不是差不多吗？"

他在学堂的时候，先生问他："直隶省的西边是哪一省？"他说是陕西。先生说："错了。是山西，不是陕西。"他说："陕西同山西不是差不多吗？"

后来他在一个店铺里做伙计，他也会写，也会算，只是总不精细，十字常常写成千字，千字常常写成十字。掌柜的生气了，常常骂他，他只是笑嘻嘻地赔小心道："千字比十字只多一小撇，不是差不多吗？"

有一天，他为了一件要紧的事，要搭火车到上海去。他从从容容地走到火车站，迟了两分钟，火车已开走了。他白瞪着眼，望着远远的火车上的煤烟，摇摇头道："只好明天再走了，今天走同明天走，也还差不多。可是火车公司，未免太认真了。8点30分开，同8点32分开，不是差不多吗？"他一面说，一面慢慢地走回家，心里总不很明白为什么火车不肯等他两分钟。

有一天，他忽然得一急病，赶快叫家人去请东街的汪先生。那家人急急忙忙地跑去，一时寻不着东街汪大夫，却把西街的牛医王大夫请来了。差不多先生病在床上，知道寻错了人，但病急了，身上痛苦，心里焦急，等不得了，心里想到："好在王大夫同汪大夫也差不多，让他试试看吧。"于是这位牛医王大夫走近床前，用医牛的法子给差不多先生治病。不上一点钟，差不多先生就一命呜呼了。

差不多先生差不多要死的时候，一口气断断续续地说道："活人同死人也差……差……差……不多……凡是只要……差……差……不多……就……好了……何……何……必……太……太认真呢？"他说完这句格言，就绝气了。

他死后，大家都很称赞差不多先生样样事情看得破，想得通，大家都说他一生不肯认真，不肯算账，不肯计较，真是一位有德行的人，于是大家给他取个死后的法号，叫他做圆通大师。

他的名声越传越远，越久越大。无数的人都学他的榜样。于是人人都成了一个差不多先生——然而中国从此就成了一个懒人国了。

痴心石

许多年前，当我还是一个13岁的少年时，看见街上有人因为要盖房子而挖树，很心疼那棵树的死亡，就站在路边呆呆地看。树倒下的那一瞬间，同时在观望的人群发出了一阵欢呼，好似做了一件值得庆祝的事情一般。

树太大了，不好整棵运走，于是工地的人拿出了锯子，把树分解。就在那个时候，我鼓足勇气，向人开口，很不好意思地问，可不可以把那个剩下的树根送给我。那个主人笑看了我一眼，说："只要你拿得动，就拿去好了。"我说我拿不动，可是拖得动。

就在又拖又拉又扛又停的情形下，一个死爱面子又极羞涩的小女孩，当街穿过众人的注视，把那个树根弄到家里去。

父母看见当时发育不良的我，拖回来那么大一个树根，不但没有嘲笑和责备，反而帮忙清洗、晒干，然后将它搬到我的睡房中去。

以后的很多年，我捡过许多奇奇怪怪的东西回家，父母并不嫌烦，反而特别看重那批不值钱但是对我有意义的东西。他们自我小时候，就无可奈何地接纳了这样一个女儿，这样一个有时被亲戚叫成"怪人"的孩子。

我的父母并不明白也不欣赏我的怪癖，可是他们包涵。我也并不想父母能够了解我对于美这种主观事物的看法，只要他们不干涉，我就心安。

许多年过去了，在父女分别了20年的1986年，我和父母之间，仍然很少一同欣赏同样的事情，他们有他们的天地，我，埋首在中国书籍里。我以为，父母仍是不了解我的——那也算了，只要彼此有爱，就不必再去重评他们。

就在前一个星期，小弟跟我说第二天的日子是假期，问我是不是跟父母和小弟全家去海边。听见说的是海边而不是公园，就高兴地答应了。结果那天晚上又去看书，看到天亮才睡去。全家人在次日早晨等着我起床一直等到11点，母亲不得已叫醒我，又怕我不跟去会失望，又怕叫醒了我要丧失睡眠，总之，她很为难。半醒了，只挥一下手，说："不去。"就不理人翻身再睡，醒来发觉，父亲留了条子，叮咛我一个人也得吃饭。

父母不在家，我中午起床，奔回不远处自己的小房子去打扫落花残叶，弄到下午5点多钟才再回父母家中去。

妈妈迎了上来，责怪我怎么不吃中饭，我问爸爸在哪里，妈妈说："嗳，在阳台水池里替你洗东西呢。"我拉开纱门跑出去喊爸爸，他应了一声，也不回头，用一个刷子在刷什么，刷得好用力的。过了一会儿，爸爸又在厨房里找毛巾，说要擦干什么，他要我去客厅等着，先不给看。一会儿，爸爸出来了，妈妈出来了，二老手中捧着的是两块石头。

爸爸说："你看，我给你的这一块，上面不但有纹路，石头顶上还有一抹淡红，你觉得怎么样？"妈妈说："弯着腰好几个钟头，丢丢拣拣，才得了一个石球，你看它有多圆！"

我注视着这两块石头，眼前立即看见年迈的父母弯着腰、佝着背，在海边的大风里辛苦翻石头的画面。

"你不是以前喜欢画石头吗？我们知道你没有时间去拣，就代你去了，你看看可不可以画？"妈妈说着。我只是看着比我还要瘦的爸爸发呆又发呆。一时里，我想说他们太痴心，可是开不了口，只怕一讲话声音马上哽住。

这两块最最朴素的石头，没有任何颜色可以配得上它们，是父母在今生送给我的意义最深最广的礼物，我相信，父母的爱——一生一世的爱，都藏在这两块不说话的石头里给了我。父母和女儿之间，终于在这一瞬间，在性灵上，做了一次最完整的结合。

别丢掉
你的诚实

喧嚣的火车站前，我摸了摸口袋里的笔和纸，将背包换到右肩上，然后我自信地走进了售票大厅。

同以往看见的一样，五个售票的窗口外，都排满了等待买票的大军。我还记得在多年前，我在排队买票时总是感叹为什么总是有这样多的人急着赶火车，也时常感叹为什么售票的窗口不能多设几个。现在，我不做这样无聊的抱怨了。几年来我总是凭借自己的小聪明优先地买到票，而且总是买到那抢手的卧铺票。

在售票口一米线的位置上，一个穿着制服的工作人员正维持着秩序，他的年龄应该在25岁到30岁之间，我直接走到了他的面前。当他那询问的目光看向我的时候，我连忙用手语做出一连串的几个动作，那动作是说：你好，我需要您的帮助。

我相信他肯定看不懂！

他诧异的目光不知所措地望着我。对于他这样困惑的神态我是相当熟悉的。我连忙拿出了准备好的纸和笔，随手写上了一行字：我是个失语者，请帮我买一张去杭州的火车票，如果有卧铺票更好，谢谢。

和以往一样，这个工作人员马上给了我一个微笑，接过我递过去的钱，转过身和窗口的售票员述说着我的"特殊情况"。我注意到窗口前买票的人群都自觉地给我让开了一条道，这些人的脸上都充分流露出了一种正常人在残疾人面前所特有的同情。

很快，我拿到了去杭州的票。排在窗口前的一位"西装先生"对着售票员喊："不是没有卧铺票了吗？"

"你也是残疾人吗？"卖票的姑娘反问道。

我充满谢意地向帮助我的工作人员大幅度地点了点头。同时，没有忘记做出一个谢谢的手语。这之后，我走出了售票大厅。

在杭州的两天里，我的巧舌如簧使我异常顺利地签下了合同。当客户主动要求为我预订回程车票的时候，我拒绝了。当然，我没有说自己的手语总是可以为我迎来一路的绿灯。

走进杭州火车站的售票大厅，我充满自信地向一位年轻的女工作人员走去。我漂亮的问候手语刚刚做完，这位女工作人员马上用手语询问：我能帮你做什么？

一时间，我彻底地蒙了！我掌握的几个手语里根本没有火车票这个动作！女工作人员接下来的几个手语动作我居然一个也没有看明白！

我的表情一定是既尴尬又困惑！

女工作人员对不远处的一位年纪稍大一点的女同事说："韩姐，这位失语的乘客看不懂我的手语，您来帮个忙。"

　　韩姐微笑着向我走来，她一连串的手语动作我还是一个也没有看懂！

　　售票大厅里，至少有几百双眼睛打量着我，我无耻的行径终于遭到了报应，这一刻，如果洁净的水磨石地面上有一条缝隙的话，我肯定会毫不犹豫地钻进去，在里面做认真、深刻的反省。

　　我很想夹着尾巴溜之大吉，但是我的身前身后已经站满了要帮助我的人。天啊！我为什么要装成一个哑巴呢……

勇过人生
独木桥

弗洛姆是美国一位著名的心理学家。一天。几个学生向他请教：心态会对一个人产生什么样的影响？

他微微一笑，什么也不说，就把他们带到一间黑暗的房子里。在他的引导下，学生们很快就穿过了这间伸手不见五指的神秘房间。接着弗洛姆打开房间里的一盏灯，在这昏黄如烛的灯光下，学生们才看清楚房间的布置，不禁吓出了一身冷汗。原来，这间房子的地面就是一个很深很大的水池，池子里蠕动着各种各样的毒蛇，包括一条大蟒蛇和三条眼镜蛇，有好几条毒蛇正高高地昂着头，朝他们"滋滋"地吐着信子。就在这蛇池的上方，搭着一座很窄的木桥，他们刚才就是从这座木桥上走过来的。

弗洛姆看着他们，问："现在,你们还愿意再次走过这座桥吗?"大家你看着我，我看着你，都不做声。

过了片刻，终于有个学生犹犹豫豫地站了出来。其中一个学生一上去，就异常小心地挪动着双脚，速度比第一次慢了好多倍；另一个学生战战兢兢地踩在小木桥上身子不由自主地颤抖着，才走到一半，就挺不住了；第三个学生干脆弯下身来，慢慢地趴在小桥上爬过去了。

"啪"，弗洛姆又打开了房内另外几盏灯，强烈的灯光一下子把整个房间照耀得如同白昼。学生们揉揉眼睛再仔细看，才发现在小木桥的下方装着一道安全网，只是因为网线的颜色极暗淡，他们刚才都没有看出来，弗洛姆大声地问："现在你们当中还有谁愿意走过这座桥？"

学生们没有作声，"你们为什么不愿意呢？"弗洛姆问道。"这张安全网的质量可靠吗？"学生心有余悸地反问。

弗洛姆笑了，"我可以解答你们的疑问了，这座桥本来不难走，可是桥下的毒蛇对你们造成了心理威慑。于是，你们就失去了平静的心态，乱了方寸，表现出各种程度的胆怯——心态对行为当然有影响的啊。"

其实人生又何尝不是如此呢？在面对各种挑战时，也许失败的原因，不是因为势力单薄，不是因为智能低下，也不是没有把整个局势分析透彻，而是把困难看得太清楚，分析得太透彻，考虑得太详尽，才会被困难吓倒，举步维艰。倒是那些没把困难完全看清楚的人，更能够勇往直前。

如果我们在勇过人生的独木桥时，能够忘记背景，忽略险恶，专心走好自己脚下的路，我们也许能更快地到达目的地。

儿子的
独立日

　　我环顾周围的钓鱼者，一对父子引起我的注意。他们在自己的水域一声不响地钓鱼。钓到，接着又放走了两条足以让我们欢呼雀跃的大鱼。儿子大概是12岁左右，穿着高筒橡胶防水靴站在寒冷的河水里。两次有鱼咬钩，但又都挣扎着跑脱了。突然，男孩的钓竿猛地一沉，差一点把他整个人拖倒，卷线轴飞快地转动，一瞬间鱼线被拉出很远。

　　看到那鱼跳出水面时，我吃惊得合不拢嘴。"他钓到了一条王鲑，个头儿不小。"伙伴保罗悄悄对我说，"相当罕见的品种。"

　　男孩冷静地和鱼进行拉锯战，但是强大的水流加上大鱼有力地挣扎，孩子渐渐地被拉到布满漩涡的下游深水区的边缘。我知道一旦鲑鱼到达深水区就可以轻而易举地逃脱了。孩子的父亲虽然早把自己的钓竿放在一旁，但一言不发，只是站在原地关注着儿子的一举一动。

　　一次、两次、三次，男孩儿试着收线，但每次都不成功，鲑鱼猛地向下游窜去，显然在尽全力向深水靠拢。十五分钟过去了，孩子开始支持不住了，即使站在远处，我也可以看到他发抖的双臂正使出最后的力气奋力抓紧钓竿。冰冷的河水马上就要漫过高筒防水靴的边缘。王鲑离深水区越来越近了，钓竿不停地左右扭动。突然孩子不见了。

一秒钟后，男孩从河里冒出头来，冻得发紫的双手仍然紧紧抓住钓竿不放，他用力甩掉脸上的水，一声不吭又开始收线。保罗抓起渔网向男孩走去。

"不要！"男孩的父亲对保罗说，"不要帮他，如果他需要我们的帮助，他会要求的。"

保罗点点头，站在河岸上，手里拿着渔网。

不远的河对岸是一片茂密的灌木丛，树丛的一半没在水中。这时候鲑鱼突然改变方向，径直窜入那片灌木丛。我们都预备着听到鱼线崩断时刺耳的响声。然而，说时迟那时快，男孩儿往前一扑，紧追着鲑鱼钻入稠密的灌木丛。

我们三个人都呆住了，男孩的父亲高声叫着儿子的名字，但他的声音被淹没在河水的怒吼声中。保罗涉水到达对岸示意我们鲑鱼被逮住了。他把枯树枝拨向一边，男孩儿紧抱着来之不易的鲑鱼从树丛里倒退着出来，保持着平衡。

他瘦小的身体由于寒冷和兴奋而战栗不已，双臂和前胸之间紧紧地夹着一条大约14公斤重的大鱼。他走几步停一下，掌握平衡后再往回走几步。就这样走走停停，孩子终于缓慢但安全地回到岸边。

男孩的父亲递给儿子一截绳子，等他把鱼绑结实后弯腰把儿子抱上岸。男孩躺在泥地上大口喘着粗气，但目光一刻也没有离开自己的战利品。保罗随身带着便携秤，出于好奇，他问孩子的父亲是否可以让他称称鲑鱼到底有多重。男孩的父亲毫不犹豫地说："请问我儿子吧，这是他的鱼！"

泡茶
看人生

　　一个屡屡失意的年轻人千里迢迢来到普济寺，慕名寻到老僧释圆，沮丧地对老僧释圆说："像我这样屡屡失意的人，活着也是苟且，有什么用呢？"

　　老僧释圆静静听这位年轻人叹息和絮叨，什么也不说，只是吩咐小和尚："施主远道而来，烧一壶温水送过来。"

　　少顷，小和尚送来一壶温水，释圆老僧抓了一把茶叶放进杯子里，然后用温水沏了，放在年轻人面前的茶几下，微微一笑说："施主，请用茶！"年轻人俯身看看杯子，只见杯子里微微地袅出几缕水气，那些茶叶静静地浮着。年轻人不解地询问释圆："贵寺怎么用温水冲茶？"释圆微笑不语，只是示意年轻人说："施主，请用茶吧。"年轻人只好端着杯子，轻轻呷了两口。释圆说："请问施主，这茶可香？"年轻人摇摇头说："这是什么茶？一点茶香也没有呀。"释圆笑笑说："这是福建的名茶铁观音啊，怎么会没有茶香？"年轻人听说是上乘的铁观音，又忙端起杯子呷两口，再细细品味，还是放下杯子说："真的没有一丝茶香。"老僧释圆微微一笑，吩咐门外的小和尚："再烧一壶沸水送过来。"少顷，小和尚便提来一壶吱吱吐着浓浓白汽的沸水，释圆起身，又沏了一杯茶，年轻人俯身去看杯子里的茶，只见那些茶叶在杯子里上上下下地沉浮，随着茶叶的沉浮，一丝清香便从杯里袅袅地溢出来。嗅着那清清的茶香，年轻人禁不住去端那杯子，释圆忙微微一笑说："施主稍候。"说着便提起水壶朝杯子里又注了一缕沸水。年轻人见那些茶叶上上下下，沉沉浮浮得更厉害了，同时，一缕更醇更醉人的茶香袅袅地升腾出杯子，在禅房里弥漫。释圆如是注了五次水，杯子终于满了，那绿绿的一杯茶水，沁得满屋津津生香。释圆笑着问道："施主可知道同是铁观音，却为什么茶味迥异吗？"年轻人思忖说："一杯用温水冲沏，一杯用沸水冲沏，用水不同吧。"

释圆笑笑说："用水不同，则茶叶的沉浮就不同。用温水沏的茶，茶叶就轻轻地浮在水之上，没有沉浮，茶叶怎么会散逸它的清香呢？而用沸水冲沏的茶，冲沏了一次又一次，浮了又沉，沉了又浮，沉沉浮浮，茶叶就释出了它春雨般的清幽，夏阳似的炽烈，秋风一样的醇厚，冬霜似的清冽。世间芸芸众生，又何尝不是茶呢？那些不经风雨的人，平平静静的生活，就像温水沏的淡茶平静地悬浮着，弥漫不出他们生命和智慧的清香。而那些栉风沐雨饱经沧桑的人，坎坷和不幸一次又一次袭击他们，他们就像被沸水沏了一次又一次的酽茶，在风风雨雨的岁月中沉沉浮浮，溢出了他们生命的一脉脉清香。"

看不见
的爱

夏季的一天，天色很好，我决定出去散步。在一片空地上，我看见一个10岁左右的男孩和一位妇女。那孩子正用一只做得很粗糙的弹弓射击一只立在地上、离他有七八米远的玻璃瓶。

那孩子有时能把弹丸打偏一米，而且忽高忽低。我便站在他身后不远处，看他练习，因为我还没有见过打弹弓这么差的孩子。那位妇女坐在草地上，从一堆石子中捡起一颗，轻轻递到孩子手中，安详地微笑着。那孩子一颗颗接过来，一颗颗打出去，当然，他都浪费掉了。从那妇女的眼神可以看出，她是孩子的母亲。

那孩子很认真，屏住气，很久才打出一弹。但我站在旁边都可以看出他这一弹一定打不中，可是他没有罢手的意思。

我走上前去，对那位母亲说："让我教他怎么打好吗？"

男孩停住了，但还是看着瓶子的方向。

母亲对我笑了一笑，说："谢谢，不用！"她顿了一下，望着孩子悄悄对我说，"他看不见。"

我怔住了。

半晌，我喃喃地说："噢……对不起，但为什么……"

"别的孩子都这么玩儿的，不是吗？"

"呃……"我说，"可是他……怎么能打中呢？"

"我告诉他，总会打中的。"母亲平静地说，"关键是他做了没有。"

我沉默了。

过了很久，男孩的频率逐渐慢了下来，他已经累了。

母亲并没有说什么，还是很安详地捡石子，微笑着，只是递石子的节奏也慢了下来。

我慢慢发现，这孩子打得很有规律，他射出一弹，向一边移一点，射击一弹，再移一点，然后再慢慢地反方向移回来。

他只知道大致的方向啊！

夜风轻轻袭来，蛐蛐在草丛中轻唱起来，天幕上已有了疏朗的星星。弹弓皮条发出的"噼啦"声和石子崩在地上的"砰砰"声仍在单调地重复着。对于那孩子来说，黑夜和白天并没有什么区别。

又过了很久，夜色笼罩下来，我已看不清那瓶子的轮廓了，但是男孩仍在尝试。

"看来今天他打不中了。"我想。犹豫了一下，我对他们说声再见，便转身向回走去。

走出不远，突然身后传来一声清脆的瓶子碎裂声，随即是划破夜空的、夸张得令人心碎的母子的欢呼声……

两棵树
与命运

　　一个年轻人，从小就是人见人爱的。上学时是三好学生、班干部，初二那年参加全国奥数比赛，获得一等奖。

　　17岁不到，他就被保送到某大学深造。在他接到大学录取通知书那年的暑假，给他开了一个不大不小的玩笑：一次过马路时，一辆飞驰而来的车辆无情地夺去了他的双腿和左手。面对这飞来横祸，他没有被打倒，最终凭着惊人的毅力自学完全部大学课程，后来又创办了自己的公司，成为一家上千万元固定资产的私企老总，并当选为市里的"十大杰出青年"。那天去采访他，问他如何克服难以想象的惨痛折磨，取得今天的成绩。

　　完全出乎我的意料，他最想感谢的既不是给他巨大关爱的父母，也不是一直鼓励和支持他的朋友。面对我的提问，他极快地回答：我要感谢两棵树！

　　遇到车祸之后，对从小就出类拔萃、自尊心极强的他来说，不啻为世界末日的来临。看看自己残缺不全的身体，他痛不欲生，感到一生就这样毁了，再没有什么值得追求的目标和意义，一度想要自杀。即使在医院听到远远从街上传来的一两声汽车喇叭声，也能引起他的烦躁和不安，情绪极不稳定。为了让他散心，转移一下注意力，在他出院以后，家人特意把他送到乡下的姑妈家静养。

在那里，他遇到了决定他生命意义的两棵树。

姑妈家住在一个远离城市的小村子，宁静、安逸，甚至有些落后。他就在姑妈的小院子里，每天吃饭、睡觉，睡觉、吃饭，一天天地打发着他认为不再宝贵的时光，人也更加灰心丧气和慵懒下来。一晃半年过去。

一天下午，姑妈家下田的下田，上学的上学，仅他一人在家。百无聊赖的他，自己摇动轮椅走出了那个小小的院落。

就这样，似有冥冥中的安排，他与那两棵树不期而遇。

那是怎样的两棵树啊！在离姑妈家五六十米的地方，有两棵显得十分怪异的榆树，像藤条一般扭曲着肢体，但却顽强地向上挺立着。两树之间，连着一根七八米长的粗粗的铁丝，铁丝的两端深深嵌进树干里。不，简直就是直接缠绕在树里！活像一只长布袋被拦腰紧紧系了一根绳子，呈现两头粗、中间细的奇怪形状。

见他好奇的样子，一旁的邻居主动告诉他，起初是为了晾晒衣服的方便，七八年前，有人在两棵小榆树之间拉了一根铁丝。时间一长，树干越长越粗，被铁丝缠绕的部分始终冲不出束缚，被勒出了深深一圈伤痕，两棵小树奄奄一息。就在大家都以为这两棵榆树再也难以成活的时候，没想到第二年一场冬雨过后，它们又发出了新芽，而且随着树干逐渐变粗，年复一年，竟生生将紧箍在自己身上的铁丝"吃"了进去！

莫名地，他的心被强烈地震撼了：面对外界施加的暴力和厄运，小树尚知抗争，而作为一个人，又有什么理由放弃对生活的努力呢！面对这两棵榆树，他感到羞愧，同时也激起了深藏于内心的那分不甘——只见他用自己仅存的右手，艰难地从坐了半年多的轮椅上撑起整个身体，恭恭敬敬地给那两棵再普通不过，却又再坚强不过的榆树，深深鞠了个躬！

很快，他便主动要求回到城里，拾起了久违的课本还有信心，开始了属于自己的新的生活。

听他平静地讲完这段故事，我长久无语。

与春天
有个约会

"我们完全可以依靠本能过上理性的生活，我们也完全可以在大自然的引导下进入祥和之境。"这是桑塔亚那为我们指引的一条通向闲适享乐，同时又是智慧高尚的人生之路。

1912年一个春意盎然的日子，一位年近半百的教授正在哈佛大学讲课，突然一只知更鸟飞落在教室的窗台上不停地欢叫。教授停下来出神地打量着小鸟，这是一只蓝知更鸟，除了淡黄和纯白相间的胸毛外，身体的其余部分几乎全是蓝色，美丽得让人不敢直视……许久，教授才转向学生，轻轻地说："对不起，同学们，失陪了，我与春天有个约会。"说完，他迈着轻盈的步子走出教室，跟在知更鸟的后面走出了校门……

这位教授就是被钱钟书先生归入"五位近代最有智慧的人"之列的西班牙著名哲学家、诗人、小说家及文学评论家乔治·桑塔亚那。

桑塔亚那1863年出生于西班牙，9岁时随父亲移居美国，1882年入哈佛大学读书，1889年获哈佛大学哲学博士学位并留校任教。在长达20多年的教学生涯中，桑塔亚那一直笔耕不辍，出版了多部颇有影响的学术著作，在事业上可谓硕果累累，而哈佛的教职亦可保证他过上无忧无虑的中产阶级生活，可他为什么突然决定离开令人向往的美国、离开大名鼎鼎的哈佛呢，是一时心血来潮，还是深思熟虑？当然是后者。

促使桑塔亚那辞别哈佛和美国的主要原因有两点：首先，桑塔亚那对哈佛素无好感。在他看来，哈佛教育的目的就是为学生毕业后的职业生涯做准备，这与他的教育宗旨极不吻合。其次，桑塔亚那对美国也一直心怀不满。1898年，美国通过与西班牙的战争吞并菲律宾，将古巴划入自己的势力范围，这对于在西班牙度过童年、至今仍保留着西班牙国籍的桑塔亚那来说，无疑是一个无法弥补的伤害。

就这样，桑塔亚那在1912年春天的那个并非偶然的日子，跟随着一只知更鸟，离开了哈佛，离开了美国。他的第一站是西班牙，可当他回到祖国后，却发现自己早年生活过的土地已变得非常陌生，而亲友们也早已将他当作了"外国人"。无奈，桑塔亚那只好前往浪漫之都巴黎。

1914年7月底，桑塔亚那结束并不浪漫的巴黎生活来到伦敦。此时第一次世界大战爆发，桑塔亚那因战争带来的交通阻隔而滞留英伦，并一住就是5年。这期间，他拒绝了剑桥、牛津等大学的任教邀请，埋首于巨著《英伦独语》的写作。英伦那特有的朦胧雾霭曾让桑塔亚那沉醉，不过敏感的他却渐渐感受到了英国也已慢慢美国化，于是他最终还是选择了离开。

1925年，在漂泊了十几年后，桑塔亚那终于找到了理想的栖居地——意大利的罗马！在桑塔亚那看来，罗马是一座"永恒的城市"，在这里可以让他感到"离自己的过去更近了，离整个世界的过去和未来更近了"。在这里，他开始了安静、祥和的晚年生活，并写下了一部部传世之作。1952年，在罗马的一所修道院的寓所里，桑塔亚那离开了人世，享年89岁。

桑塔亚那终生未婚，他的一生是孤独的，但却享受到了无限的自由。他用毕生的精力在自然主义与理想主义之间奔走，但他的理想——自然主义并不是一个摇摆于自然和理想之间的点，而是一条发于自然、指向理想的射线。"我们完全可以依靠本能过上理性的生活，我们也完全可以在大自然的引导下进入祥和之境。"这是桑塔亚那为我们指引的一条通向闲适享乐，同时又是智慧高尚的人生之路。

春天就在窗外，每个人都可以走出去与迷人的自然女神相约。朋友，请跟随你的知更鸟，寻找你人生的春天吧！

别把茶壶
打碎

有个笑话，说的是一个人偶然得了把紫砂壶，非常喜欢。睡觉时，他把紫砂壶放到床头的小柜子上，梦里一个翻身，紫砂壶的盖子不慎跌落。被惊醒后，他既心疼又气急败坏，没有了盖子的紫砂壶，还有什么用处？于是一甩手将茶壶丢到了窗外去。第二天早晨起床，却发现茶壶盖子完好无损地落在拖鞋上。

想起已经丢到窗外的茶壶，他又悔又恼，飞起一脚把盖子踩碎！吃完早饭，扛着锄头出工，一眼看见窗外的石榴树上，那把没盖子的茶壶，正完好无损地挂在树上。

那人欲哭无泪，让观者既是惋惜又是感叹——谁的人生里，没有过一把挂在树上的茶壶呢。

一个年轻人，到城里做工，投奔到一个做大学教授的亲戚门下。他不过初中毕业，找份工作并不容易，东奔西跑地忙了一个月，工资没发，家里突然来了电话：父亲病了，急需用钱。穷途末路之际，他在亲戚家里偷了500块钱寄回去。忐忑不安地从邮局回来，扒着门缝看到亲戚正在打电话，隐隐约约说到钱还有自己的名字。他马上着了慌，揣测着偷钱的事情已经败露，心乱如麻，于是慌不择路地冲进去就把亲戚杀害了。

后来这个人被逮捕归案，事情的真相却令他大出意外。原来那个亲戚并不知道他偷钱的事情，他是打电话给另外一个亲戚，他听说了年轻人父亲的病，正和对方合计给他家里寄点钱去。

紫砂壶的主人以为盖子掉在地上必然碎了，所以，把完好的紫砂壶也丢掉了。偷钱的年轻人以为偷盗败露必然受罚，所以，先下手为强，杀了无辜的亲戚。而生活的丰富与歧义在于，许多表象上貌似的必然，其结果却往往是非然的。许多时候，只有坚持到了最后一步，生活的真相才会水落石出。

一个真实的故事。一老一少两个朋友，误入深山老林，几乎弹尽粮绝。夜里，年轻人正昏昏欲睡，忽然看到老者悄悄在石头上磨匕首。他一下子惊在那里，想起了过去听说过，人饿到一定程度，会吃掉同类。一阵凉气从心底冒出来，残废的恐惧之外，如今又增添了被杀的危险。年轻人不想坐以待毙，于是，他也开始一有时间就磨自己的匕首。水和干粮越来越少了，两个人开始互不避讳磨匕首的急迫。偶尔年轻人看一眼老者，发现对方正若有所思地看着他，他就更加使劲地磨起自己的匕首来，一边磨一边想：什么时候动手合适，我一定要抢在他前面下手。当最后一块干粮吃净之后，年轻人看着睡在另外一侧的老者，悄悄举起了匕首。老者却突然一个翻身，跑出了山洞。年轻人正犹豫着不知道该不该追出去，忽然听到惊喜地呼喊，"有人来救咱们了。"

年轻人跑出去一年，一小队探险队员正从丛林深处走来。

得救的年轻人把匕首远远地抛出去，没想到老者亲自给他捡了回来，他拉着年轻人的手颇动感情地说："我知道你的想法，但是，你还这么年轻，怎么可以自杀来成全我，实在万不得已，我会先你动手杀掉自己，让你有充足的食物。"

这个故事中，如果没有及时出现的探险队员，年轻人的匕首将会犯下多大的罪恶！幸运的是，他们没有死，更令人震惊的事实是，老者并非年轻人想的那样歹毒，他是准备自杀来成全年轻人。

和挂在树上的茶壶比起来，迷失在深山的年轻人是幸运的，因为他等来了真相，少了一分为盲目的莽撞所付出的代价。其实，真相面前人人都是平等的，只要你有足够的耐心，只要你肯眼见为实后再作出决断。

最重要的是亲人

3年前，我和母亲吵过一架，那是很伤感情的一架。起因是我工作太忙，忙得没有时间经常去看她，即使去看她，也是从进门那一刻起电话就不断。有一次，从她做饭开始我就在打电话，是和我的一位顶头上司，凡是在职场历练过的人都知道这种电话的重要性。我妈的脸色越来越难看，最后几乎是把饭菜摔到桌子上。其实我已经委婉地暗示过我的上司，但是显然我的上司没有接招，没有接招的原因我也能理解，因为事情压到那儿了，否则，谁愿意大礼拜天跟下属费唾沫星子谈工作？

我捂着话筒对我妈小声说明这个电话的重要性，但是老太太已经愤怒了——她当然愤怒，她打电话到我办公室，往往才说两句就被我挂断，在挂断之前我总是那句："妈，我正忙，一会儿给你打。"然后这一会儿就可能是一个小时、一天、一个星期，甚至可能是她下次再打来电话。天地良心，不是我故意的。我是真的忙，忙得连上厕所都一路小跑。

那个星期天，我妈旧仇新恨涌上心头，说出的话句句悲愤，如匕首如投枪，稳准狠地扎向我："你心里还有这个家吗？还有你妈吗？你妈跟你打电话，你永远忙，忙得都没有时间听我把话说完！"

我泪如雨下，对她说："现在到处都在嚷嚷，不爱加班的员工不是好员工，你让我怎么着？你以为我是公主、皇亲国戚？您是圣母皇太后、王母娘娘？您说要过生日，全国上下放假一个星期？我跟单位领导说我妈不高兴了因为我工作太忙，他们能马上开恩让我回家陪您唠唠嗑说说话工资奖金还照发？"

那次爆发以后，我和我妈很长时间冷战。

我知道我伤害了她，但是，那不是我的本意——我并没有埋怨她不是皇亲国戚，或者没有家财万贯，我不能忍受的是她活了一辈子，为什么不能懂得作为小民百姓往上打拼的艰难？我照样上班，照样忙，甚至忙到连周六周日全搭上，我对她的愧疚就是寄钱——我们在同一个城市，但是我却通过中国邮政表达我的孝心。我妈是个倔强的母亲，她给我打电话，说你心里要是没有我这个妈，就不用寄钱。我也倔强，我说我寄钱是为了自己心里舒服一些。

那时候，如果要我排个次序，实事求是地说，我心中最重的不是亲情——当然有很多人会把亲情"口头"排在第一位，但在实际生活中，他们和我一样，总是先顾老板，再顾客户，然后依次是朋友、同事、有价值的人……

一个好朋友曾对我说，只有事业成功的人，才有资格享受亲情。普通人重亲情，那就是活该失败活该过苦日子，因为你连亲情的代价都不愿意付出，一天到晚要"热炕头"，你凭什么成功？

那个时候，我认为他说得对。直到有一天，我忽然病了，病得很严重——我在医院里待了有半年，身边的人最后只剩下母亲和老公。直到那一刻，我忽然明白，世界上对你最重要的人，其实就是你的亲人——无论你们之间发生过什么，有着什么样的前嫌，但是到你最困难的时候，能留在你身边，为你流泪，为你难过，为你风里来雨里去的，只有你的亲人。而其他的人，毕竟是其他的人。

02

人生需要
竭尽全力

笑对美丽人生

我在影片预告单上看见这部电影名字之后，忽然想起好几位朋友对我说过，这是一部不容错过的好电影，因为里面有一位伟大的父亲，一定要看。等到放映那天，我慕名而去了。

电影都快放了一半了，我开始对朋友的话产生怀疑，这部电影哪有他们说的那样好看呀，整个一部乱哄哄的闹剧，跟我平时看的那种搞笑片一模一样。在意大利的一个小镇上，贫穷的犹太青年基多，凭借自己的机智与幽默，赢得了美人朵拉的芳心。老套的故事情节，常见的搞笑噱头，未见任何新意。我正在暗自嘀咕，画面一闪，基多与朵拉的儿子——约舒亚出现在屏幕上。一个活泼的小男孩，正沐浴着父母之爱，快活地成长。

二战的阴影很快扰乱了这个小镇往昔的宁静。随着纳粹的到来，镇上的犹太人开始遭受迫害，书店的门上挂起了"犹太人与狗不得入内"的牌子。不谙世事的约舒亚一点都没意识到自己的幸福生活正在悄悄发生着某种改变。很快，不幸就降临到了这个家庭头上。基多和儿子在纳粹刺刀的威逼下登上了开往集中营的闷罐车。闻讯而来的朵拉为了不和亲人分离，在求救无望的情况下，也毫不犹豫地跳上了同一辆车。

从此，这一家三口的悲惨生活就在集中营里开始了。用心良苦的基多为了不让儿子幼小的心灵留下战争的创痛，从登上车的那刻起就骗儿子说他们将玩一个游戏，如果谁能攒够一千分，就能赢得一个大奖品——一辆真正的坦克。这对一个小男孩来说无疑是个巨大的诱惑，天真的约舒亚信以为真，这个游戏使他十分好奇与兴奋。

为了能得到那辆大坦克，约舒亚不得不忍饥挨饿，担惊受怕，藏在爸爸那张床的深处。因为爸爸告诉他不能让德国军官发现自己，那样会被扣分。他不明白为什么见不到妈妈，为什么自己不能回家，为什么这里面没有蛋糕吃，为什么院子里的其他小朋友过了一段时间后都不见了。每当他不想玩这个游戏时，爸爸总是能用一番充满诱惑的话让他回心转意。天性乐观开朗的基多，虽然在集中营里吃尽了苦头，见到了纳粹残酷的暴行，却从不在儿子面前流露一丝忧伤。不管环境多么恶劣，他总是用笑脸面对着儿子，不断鼓励约舒亚把这个游戏继续玩下去。

纳粹溃败撤离的那天夜里，基多趁乱将儿子藏在院中的一个小铁柜里。他叮嘱儿子，不管外面发生了什么都不能出来，只要坚持到天亮，约舒亚就能赢得这场游戏。就在基多转身去寻找妻子时，被荷枪实弹的哨兵发现。约舒亚透过柜门上的小孔看见爸爸被一个士兵押着从院中走过。爸爸走路时滑稽的模样逗得他开心地笑了。然后，墙角里一声枪响，基多再也没有走出来。

天终于亮了，集中营里的人都神话一般失去了踪影，院子里一片沉寂，只有焚烧后的纸片随风飞舞，满目凄凉。约舒亚从柜子里钻出来，孤零零地环视着眼前的这一切。突然，约舒亚嘴角慢慢扬了起来，眼里露出一种巨大的惊喜——真是不敢相信呀，一辆坦克竟真的缓缓向他驶来！爸爸没骗他，他赢得奖品啦！

影片最后，约舒亚在那位盟军坦克手的帮助下，与幸存的妈妈幸福地拥抱在一起。我悬着的心终于放下了。

朋友的话一点没错，这的确是一部好看的片子。它的结构很独特，像是由两个不同的故事拼接而成，却又接得很巧妙。它以一种意大利式的幽默，让我看到了一位笑着面对苦难生活的丈夫与父亲。基多，这个热爱生活的年轻人，在随时都有可能被屠杀的情况下，还会想尽一切办法来保护妻儿。他利用为纳粹放广播的机会，偷偷地放了朵拉以前爱听的歌剧，让身处女囚之中的朵拉知道他们父子俩还活着；他听不懂一句德语，却抢着冒充翻译，把德国军官的一席训话全部翻译成了游戏规则，唯恐约舒亚知道事情的真相。哪怕是在自己生命将被结束的时候，也要想方设法保住儿子纯真的心。他让心爱的儿子在一场非同寻常的游戏中走过了人生最黑暗的岁月，这就是这位父亲的伟大之处。如果你在生活中遇到了困难挫折，让你愁容满面，感到沮丧甚至绝望，那么，我建议你去看看这部《美丽人生》，你一定会在笑声中有所领悟。

这是一道选择题

　　他本在一家外企供职，然而，一次意外，使他的左眼突然失明。为此，他失去了工作，到别处求职却因"形象问题"连连碰壁。"挣钱养家"的担子落在了他那"白领"妻子的肩上，天长日久，妻子开始鄙夷他的"无能"，像功臣一样对他颐指气使，居高临下。

　　她日渐感到他的老父亲是个负担，拖鼻涕淌眼泪让人看着恶心。为此，她不止一次跟他商量把老人送到老年公寓去，他总是不同意。有一天，他们为这事在卧室里吵了起来，妻子嚷道："那你就跟你爹过，咱们离婚！"他一把捂住妻子的嘴说："你小声点儿，当心让爸听见！"

　　第二天早饭时，父亲说："有件事我想跟你们商量一下，你们每天上班，孩子又上学，我一个人在家太冷清了，所以，我想到老年公寓去住，那里都是老人……"

　　他一惊，父亲昨晚果真听到他们争吵的内容了！"可是，爸——"他刚要说些挽留的话，妻子瞪着眼在餐桌下踩了他一脚。他只好又把话咽了回去。

第二天，父亲就住进了老年公寓。

星期天，他带着孩子去看父亲。进门便看见父亲正和他的室友聊天。父亲一见孙子，就心肝儿肉地又抱又亲，还抬头问儿子工作怎么样，身体好不好……他好像被人打了一记耳光，脸上发起烧来。"你别过意不去。我在这里挺好，有吃有住还有得玩……"父亲看上去很满足，可他的眼睛却渐渐涌起一层雾来。为了让他过得安宁，父亲情愿压制自己的需要——那种被儿女关爱的需要。

几天来，他因父亲的事寝食难安。挨到星期天，又去看父亲，刚好碰到市卫生局的同志在向老人宣传无偿捐献遗体器官的意义，问他们有谁愿意捐。很多老人都在摇头，说他们这辈子最苦，要是死都不能保个全尸，太对不起自己了。这时，父亲站了起来，他问了两个问题：一是捐给自己的儿子行不行？二是趁活着捐可不可以——"我不怕疼！我也老了，捐出一个角膜生活还能自理，可我儿子还年轻呀，他为这只失明的眼睛，失去了多少求职的机会！要是能将我儿子的眼睛治好，我就是死在手术台上，心里都是甜的……"

所有人都结束了谈笑风生，把震惊的目光投向老泪纵横的父亲。屋子里静静的，只听见父亲的嘴唇在抖，他已说不出话来。

一股看不见的潮水瞬间将他裹围。他满脸泪水，迈着庄重的步伐，一步步走到父亲身边，和父亲紧紧地抱在一起。

当天，他就不顾父亲的反对，为他办好有关手续，接他回家，至于妻子，他已做好最坏的打算。临走时，父亲一脸欣慰地与室友告别，室友一把眼泪一把鼻涕地埋怨自己的儿子不孝，赞叹他父亲的福气。父亲说："别这么讲！俗话说，庄稼是别人的好，儿女是自己的亲，打断骨头连着筋。自己的儿女，再怎么都是好的。你对小辈宽宏些，孩子们终究会想过来的……"说话间，父亲还用手给他捋了捋衬衣上的皱褶，疼爱的目光像一张网，将他兜头罩下。

他再次哽咽，感受如灯的父爱，在他有限的视力里放射出无限神圣的亮光。

只在心中
穿的衣服

采访一位日本建筑师时，他对我说："那些没有机会盖的楼往往更能代表我自己的风格。"一想，很有道理。建筑设计师从不同的主顾那里承接工程，受到环境、周期等诸多条件的限制，再加上客户的审美观念与种种要求，到头来，那些能够落成的建筑往往是多方面因素相互妥协的结果。如果在主体精神上能够反映设计师的风格已是万幸，又怎能奢望理想的完整呈现呢？而那些被"枪毙"的作品，或许是由于预算过高，施工难度过大，或许是因为商业使用面积不足，主流审美观难以接受等原因，却可能是设计师最自由，最自我的表达。所以我想如果有一天，策展人能做一个建筑大师的未能实现的设计作品大展，一定会是一次充满想象力的视觉盛宴。

其实，女人与衣服的关系有时相当类似。你是不是与我一样，在衣橱里总吊着几件自己十分中意却从没有穿出家门的衣服？我们曾经咬牙跺脚，狠着心花了一大笔预算把它们买下来，却只有在独处的时候才拿出来穿上身，在镜子前左照右看。这件事本身就是男人们无法理解的事。

大约十年前，我在纽约曼哈顿著名的Burdorf Goodman百货店看中一件玫瑰红色的无吊带礼服，是那种既正又浓的玫瑰红色，它真丝质地，纱的内衬，使整个裙形挺括舒展。当我在试衣间穿上它时，兴奋得额头上竟沁出细汗来。身旁一位五十开外的女售货员，透过架在鼻梁上的镜片，若有所思地上下打量着镜中的我说："丫头，如果一个女人一生只能有一件礼服，就应该是它了。"我头脑一热，立马就付了钱。

　　可一晃十年过去了，我竟然没有一次在公开场合中穿过它，有时是因为场合不够隆重，它会显得有点"过"；有时是因为舞台背景颜色相近，它会被淹没其间；有时与搭档的衣服颜色"冲"了；有时嫌自己胖了些，想想不如减肥以后再穿吧。它在我心目中是一件完美的衣服，我总在等待一个完美的日子，但那个日子总相差那么一天。每当我在衣橱里看到它，就像与一位老朋友打过招呼。只见它一尘不染，风姿依旧，倒像是一面时光的镜子，照出自己的种种变化。或许在不久的将来，她的艳丽和张扬会让我胆怯，就越发不敢穿它了。倒是旁边那些黑的、白的、银的、金的颜色，长的、短的、不长不短的式样轮番变化着。今年喜欢的，明年不流行了。唯独它，永不过时，安安静静地等待自己的出场。

　　一件从未穿出门的衣服可以代表女人内心最深处的幻想；或许人的一生的最佳注释就是你想做却没有做成的事。有一次《天下女人》请来一位二十出头的小保姆。她平静地讲述自己的故事：她一直成绩优秀，本以为可以考上大学，但母亲遭遇的一场车祸让她必须辍学打工，维持生计。她来到北京的一户人家，主要负责照顾家中刚考上大学的男孩。两个年纪相仿的青年不同的机遇，没有让她轻慢自己的工作。她说："也许我永远失去了上大学的机会，可我毕竟有过那样的梦想，它让我在内心里与众不同。等我再攒一些钱，我要开一家小店，我相信我会把它经营得很好。"

这世上到底由什么来决定我们是谁？我认为大概有三类事：一、完成的事——世人以此来估量我们的成就与价值；二、不做的事——后人以此来评价我们的操守与底线；三、想做却没有做成的事——这常常是只有自己最了解、最在乎的事，是一个更真实的自我的认定。正如建筑师的空中楼阁，又如我的玫瑰色的礼服，还如小保姆内心的倔强与尊严。

它们，才是我们的最爱。

珍珠
项链

简妮跟着妈妈站在超市付款的队伍中，她还有一个星期就满5岁了。这个有着一头漂亮金色鬈发的小姑娘，心里有个什么样的生日愿望呢？是拥有那串躺在粉红色盒子里的珍珠项链吗？它静静地闪耀着柔和的光芒，在简妮的眼中，真是美极了。

"妈妈，我可以把它买下来吗？我真的太喜欢它了。好吗，妈妈？"简妮拉着妈妈的手，歪着小脑袋瓜望着她，一双美丽的眼睛充满了企盼。简妮的妈妈拿起盒子迅速地瞥了一眼盒底的价钱牌，沉吟片刻后对简妮说："这串项链卖1元95分，如果你真想得到它，那你得多干些家务活才行。你生日快到了，你外婆也会给你更多的零用钱，凑足了，你很快就可以拥有它。"

也许小简妮太想得到那串项链了，一回到家她就把她的储钱罐掏空，数了数，只有17分。晚饭过后，当她做完了额外的家务活，就跑到邻居麦克金斯叔叔那儿询问是否可以帮他采些蒲公英换得10分钱。

不久后，简妮终于得到了那串梦寐以求的项链。她戴上它站在镜子前照来照去，觉得自己长大了，可以跟妈妈一样把自己打扮得漂漂亮亮的。她几乎任何时候都戴着它，睡觉时也不舍得取下来，只有在游泳或是洗澡时才不敢戴，因为妈妈叮嘱过简妮，万一把项链弄湿了，颜料会把她的脖子染成绿色。毕竟，那不是一串真正的珍珠项链。

简妮有一位十分爱她的爸爸。每天晚上当她准备睡觉时，他总会停下手头的事情走到楼上她的房间给她讲故事。

有一天晚上当爸爸给简妮讲完故事后问简妮："你爱我吗？""当然爱了，爸爸。你知道我很爱你。"

"那你可不可以把你的珍珠项链给我？""不，爸爸。我不能给你我的珍珠项链。但是你可以把我的'小公主'——那头有粉红色尾巴的小白象拿去。你还记得吗，爸爸？'小公主'是你送给我的，你知道在所有玩具中我最喜欢她。"

"算了，亲爱的。爸爸不需要你的'小公主'。晚安，简妮，爸爸爱你。"他在简妮的脸颊上印了一个吻，然后静静地关上了门离去。

一个星期后，同样是在讲故事时间结束时，爸爸再问她："简妮，你爱我吗？""爸爸，你知道我是爱你的。""那你把珍珠项链给我好吗？""不，爸爸。我不能给你我的珍珠项链。但是我可以把我的婴儿娃娃给你。她还很新，是我去年生日得到的礼物。你还可以把她的小睡床也一起拿去。""不用了，简妮，你还是留着她陪伴你吧。睡个好觉，亲爱的，爸爸爱你。"

跟往常一样，他照例在简妮的脸颊上亲了一口后离去。

又过了几天的一个晚上，当简妮的爸爸踏进她的房间时，惊讶地发现简妮盘着双腿坐在床上，脸颊微微抖动，泪珠无声地滑落下来。

"怎么了，简妮？发生什么事了？"简妮没有说话，一直攥着的小手向他伸了过去。当小手张开，手心里是她那串小小的珍珠项链。"拿去吧，爸爸，这是给你的。"她的小身子还在轻轻地颤抖。

简妮的爸爸眼眶不禁湿了。他伸出一只手拿走了简妮的项链，另一只手却伸进自己的口袋，慢慢地取出一只蓝色绒布盒子，盒子里面装的是一串真正的珍珠项链。爸爸把这串项链给简妮戴上，告诉她就算是游泳或洗澡时也不必取下来了。简妮惊讶而又快活地看着爸爸，似乎还没弄明白为什么。其实爸爸想告诉她的是，这串项链已经在他的口袋里放了很久了，他一直在等待简妮放弃那串假的项链，这样他才能给她真正的珍宝。

生命
需要等待

有这样一个故事：一对情侣在咖啡馆里发生了口角，互不相让。然后，男孩愤然离去，只留下他的女友独自垂泪。

心烦意乱地搅动着面前的那杯清凉的柠檬茶，泄愤似的用匙子捣着杯中未去皮的新鲜柠檬片，柠檬片已被她捣得不成样子，杯中的茶也泛起了一股柠檬皮的苦味。

女孩叫来侍者，要求换一杯剥掉皮的柠檬泡成的茶。

侍者看了一眼女孩，没有说话，拿走那杯已被她搅得很混浊的茶，又端来一杯冰冻柠檬茶，只是，茶里的柠檬还是带皮的。

原本就心情不好的女孩更加恼火了，她又叫来侍者，"我说过，茶里的柠檬要剥皮，你没听清吗？"她斥责着侍者。

侍者看着她，他的眼睛清澈明亮，"小姐，请不要着急，"他说道，"你知道吗，柠檬皮经过充分浸泡之后，它的苦味溶解于茶水之中，将是一种清爽甘冽的味道，正是现在的你所需要的。所以请不要急躁，不要想在三分钟之内把柠檬的香味全部挤压出来，那样只会把茶搅得很混，把事情弄得一团糟。"

女孩愣了一下，心里有一种被触动的感觉，她望着侍者的眼睛，问道："那么，要多长时间才能把柠檬的香味发挥到极致呢？"

侍者笑了："十二个小时。十二个小时之后柠檬就会把生命的精华全部释放出来，你就可以得到一杯美味到极致的柠檬茶，但你要付出十二个小时的忍耐和等待。"

侍者顿了顿，又说道："其实不只是泡茶，生命中的任何烦恼，只要你肯付出十二个小时的忍耐和等待，就会发现，事情并不像你想象的那么糟糕。"

女孩看着他，"你是在暗示我什么吗？"

侍者："我只是在教你怎样泡制柠檬茶，顺便和你讨论一下用泡茶的方法是不是也可以泡制出美味的人生。"侍者鞠躬，离去。

女孩面对一杯柠檬茶静静沉思。

女孩回到家后自己动手泡制了一杯柠檬茶，她把柠檬切成又圆又薄的小片，放进茶里。

女孩静静地看着杯中的柠檬片，她看到它们在呼吸，它们的每一个细胞都张开来，有晶莹细密的水珠凝结着。她被感动了，她感到了柠檬的生命和灵魂慢慢升华，缓缓释放。十二个小时以后，她品尝到了她有生以来从未喝过的最绝妙、最美味的柠檬茶。

女孩明白了，这是因为柠檬的灵魂完全深入其中，才会有如此完美的滋味。

门铃响起，女孩开门，看见男孩站在门外，怀里的一大捧玫瑰娇艳欲滴。

"可以原谅我吗？"他讷讷地问。

女孩笑了，她拉他进来，在他面前放了一杯柠檬茶。

"让我们有一个约定，"女孩说道，"以后，不管遇到多少烦恼，我们都不许发脾气，定下心来想想这杯柠檬茶。"

"为什么要想柠檬茶。"男孩困惑不解。

"因为，我们需要等待十二个小时。"

后来，女孩将柠檬茶的秘诀运用到她生活中的各个层面，她的生命因此而快乐、生动和美丽。

女孩恬静地品尝着柠檬茶的美妙滋味，品尝着生命的美妙滋味。

记住那位侍者的话："如果你想在三分钟内把柠檬的滋味全部挤压出来，就会把茶弄得很苦，搅得很混。"

生命如茶，慢慢地等，细细地品，滋味无穷。

可是，也不可等得太久。茶泡得太久，无法下咽；生命等得太久，淡然无味。

飘香的桂花

从有记忆以来，家里的院子里就有一棵桂花树，每年秋天一到，整个院子就会飘起阵阵淡淡的香味。

最记得小时候的一个画面就是公公老爱站在树下拎着一杯水在那儿漱口，然后口里念念有词地不知道说些什么，我老以为那棵树会跟他聊天。

我是跟着祖父母长大的。毋庸置疑，我就是家里的小祖宗。由于公公是一位将军，家里的副官更封我为"将军的将军"。由此可知我那一生在战场出生入死的公公，是如何地拿我无可奈何。

有一年，一位李先生到一些老朋友家拜会，碰巧我放学回家看到一辆黑车子离开家的巷子，我跑回家问副官又是谁来了，然后看到桌上一个牛皮纸袋，我二话不说就拆开来，还没来得及看清楚内容为何，就听到一声雷声响起，公公大发雷霆地斥责我的行为。我以为他是骂我乱拆他的东西，没想到他竟然说我把他的牛皮纸袋拆坏了，那个袋子是可以再使用的，然后就一阵什么浪费国家资源啦，不爱惜东西等等的名号全给我套上。我倍感委屈地哭了起来，不过就是一个破纸袋嘛，他说得我好像犯下滔天大罪！我不只哭，还从楼下哭到楼上给我婆婆听，再从楼上哭到楼下的房间，然后再遵照八点档的剧本，把房门反锁起来。公公骂得越大声，我就哭得越歇斯底里。当时大概整条巷子都被我们祖孙的二重奏给淹没了。之后慢慢地声音小了，我把耳朵挨着门板朝外听，屏息间听到公公走近我的房门，故作轻松地说："袋子里头不就一张照片嘛，有什么好看的？那么丑！要就给你嘛！何必把我的袋子给拆坏了呢？"说毕，我就瞧见一张八开大的脸从门缝底下给塞了进来，上面写着：××同志惠存，某某敬上。

公公十六岁就进了军校，及后在战场上与日本军兵刃相见，几度死里逃生，可以说把一生都奉献给了国家。老来过着半退休的生活，也仍是一概与俗世无争的气魄。

如果你问他最喜欢的歌是什么？他可能会回答你他唯一知道的一首通俗歌曲《绿岛小夜曲》。如果问他会唱什么歌？那他一定毫不思索地回答你《黄埔军校校歌》。而这种耿介几近可爱的个性，也会表现在一些不那么恰当的场合。只要是任何婚丧喜庆要找他致词，他一定可以跟民族大义扯上关系。我常常觉得，那一对对的新人一定搞不懂他们两个人结婚跟国家的前途有什么关系？就像我每一次去大陆拍戏，离家前跟他辞行，他一定会语重心长地叮咛："这一趟你去大陆，是身负重任，两岸的和平就全靠你了！"听罢我总是尴尬地跟祖母扮个鬼脸。可是现在回想起来，除了他们那一代的军人，又有谁会如此时刻胸怀忧国忧民的使命呢?

　　我从来没有想过公公也会有老的一天,曾几何时他不太大声说话了,连路都开始懒得走,坐在那一张椅子上,一坐就是一天,慢慢地连饭也不肯自己吃了。看着他如此气若游丝,我唯一能做的就是跑到他跟前逗他,要他猜我是刘若玉还是刘若英?然后逼他说他最爱的就是我。早些年我在外头受了委屈,我就靠在他胸前,撒娇地跟他告状说有人欺负我,然后要他拿枪替我毙了他们!他会含含糊糊地回答说:"好!好!好!"可是后来,他的眼睛只看着远方,嘴里念的常只是一些大陆老家的人、事、物,再后来干脆完全不说话了。

　　身体虚弱的公公进进出出医院好几回,直到那一天我正在参加舞台剧记者会的当儿,接到消息说医生送他进了加护病房。当我再见到他时,他的全身已经插满了管子。第一次,我听到医生不是对我说"过几天就可以出院了";第一次,我听到医生对我说:"如果可能的话,家属请不要离开医院,怕通知不及。"第一次,我听到祖母用一种几近哽咽的语气求医生,希望至少能撑到儿孙到齐;也是第一次,第一次我感觉到公公会永远地离开我。

　　在加护病房的那几个夜晚和白天,我仍然需要工作,我随身带着行动电话,每到一个地方就急着确定电话要一定收得到。每一次铃声一响起,我的心跳就几乎要同步停止,一直要到对方的声音正常地出现我才能回过神来。每次收工冲到医院,看到祖母还坐在外头念经，我才能感受到自己还在正常地呼吸。

漫漫的长夜或者跟祖母一起祷告，或是回忆公公的点点滴滴。等到加护病房会客时间一到，我们才能进去看他。每次进去，围在他身旁一堆荧屏上的数字就掉落一点。那一点点，就如我的心被刮掉一块。祖母不是握着公公的手，就是摸着他的头，轻轻地跟他说话，要他安心，然后在他旁边为他念经。有时候公公像是听懂了似的，看着祖母点了点头，有时还不自主地流下泪来。我不懂祖母哪来这么大的力量可以承受这一个与她生活了半个世纪的男人即将要离去的事实。祖母要我给他唱歌，我依偎在他耳朵旁唱《绿岛小夜曲》，却怎么也唱不准音。他倒也像是喜欢地点了点头。我扑在他的身上哭了起来，第一次，他没有话语安慰我……

就在那几天中，家里人告诉我，院子里的那棵桂花树，那棵跟我公公聊了一辈子天的桂花树枯死了。

1998年8月22日上午11点多，他终于不愿意再跟机器作战了。荧屏的画面归零。

过了几天，在替公公整理东西的时候，发现了一个用过的牛皮纸袋，上头写着："刘若英小朋友收。"旁边公公还用毛笔附加写上"代若英孙女保存之邮票1971年"。我都忘记了自己曾经收集过邮票，打开来看，全是一些完完整整一套一套的旧邮票，还有几张我在读幼稚园时老师发的只有手掌般大的，上头印着

"奖"的纸片。所以将军公公毕竟不是无时无刻只有民族大义，孙女也是很宝贝的。望着这几个简单的毛笔字，我仿佛不意窥见他坚毅的躯壳里那柔情的心灵。而牛皮纸袋，每一个珍惜使用的纸袋，原来可用来包装他无微不至的心意。

我带着这份再珍贵不过的牛皮纸袋走出门，看见那棵确已枯掉的桂花树，竟闻到扑鼻的桂花香。只是，今年满溢的香气不再出自院子的桂花树，而是从更深更远的地方飘过来，穿过千山万水，从我公公所在的地方飘过来。

另一种
欢乐

　　林俊文，台湾工业大学的讲师。他四十开外，有一个幸福的家庭，妻子尹雪莲是他青梅竹马的伙伴。2002年9月的一天中午，林俊文的妻子在过马路的时候，为了抢救一个即将被汽车撞倒的孩子，不幸当场身亡。

　　林俊文犹如晴天霹雳！他安稳的生活顿时被撕成了碎片，整个人都凝固在悲凄的绝望之中。林俊文的状况，让他的家人感到非常焦急，大家劝他做一次长途旅行。正好，林俊文的叔父要到欧洲探亲，家人趁机给他买好了机票，把他塞进了叔父的轿车，最后，把他送进了机场。20多个小时后，飞机载他到了罗马尼亚。

　　可是身处异地的林俊文，心情并没有好转。第二天一早，叔父的外甥杰斯换上了鲜艳的民族服装，开着车子带他到了罗马尼亚的萨本塔地区的"欢乐墓园THE MERRY CEMETERY"。

　　林俊文心里一惊，他害怕想起与妻子分别时那悲惨一幕。他低着头跟着杰斯，听到周围一串又一串或清脆、或嘹亮、或豪迈、或娇柔的笑声，源源不绝而又不可思议地从各个地方传了过来，林俊文感到非常诧异。

他走到旁边的一个墓碑前。只见墓碑的周围种满了各种颜色的小花，蝴蝶欢快地在花丛中飞舞。娇艳的花朵簇拥着两块墓碑。上面的碑文引起了林俊文的兴趣，原来这是一个船员写给他妻子的："亲爱的，我再也不用远航了，躺在你身边真幸福！比睡在甲板上舒服多了。就算现在我的卧室和你的睡房还要隔一堵墙。"林俊文看罢，不由得心头一震。

紧接着，他又走向另一个墓碑。这是一个叫约翰·福特的负疚丈夫，为妻子写的碑文："这儿躺着玛丽——约翰·福特的妻子，但愿她的灵魂上了天堂。我对不起她，即使她下了地狱，也比当我的妻子要好受。"

天哪！林俊文怎么也不相信这是刻在死者墓碑上的碑文。他又朝前走去，只见一个墓碑上放着一张婴儿的照片，照片上的孩子长得漂亮极了，大大的眼睛像宝石一样明亮，红扑扑的小脸挂着天使般的笑容。林俊文不由得在心里叹息："怎么这么可爱的孩子，也……"他凑近一看，只见婴儿的父母在墓碑上写着："我们的孩子来到这世上，四处看了看，不太满意，所以就回去了。"林俊文顿时觉得有一股更深的力量吸引住了他，他站在那儿，摸着下巴沉思起来，他觉得这句话写得非常值得玩味。

接下来的情形，更是让林俊文大开眼界——

一位拳击手在他的墓碑上写道："不管数多少点数，我反正不起来了。"

一位母亲为其14岁的"打工仔"儿子写的是："收工！"

牙科医生阿法西在自己的墓碑上写道："我一辈子都用在往别人的牙齿里填东西，给别人填补蛀牙上头，现在我得把自己填进去啦。"

林俊文又朝前走了几步，在拐角的一处墓碑上，他发现有这样一篇碑文："这儿躺着钟表匠汤姆斯，他将回到造物者手中，彻底清洗修复后，上好发条，行走在另一个世界上。"啊！行走在另一个世界上。多么富有哲理！林俊文觉得这个钟表匠真有意思，而且肯定是个技术精湛的钟表匠。

另一处的墓碑更有趣，它是一个商店老板的妻子为其丈夫写的："这里长眠的是亥米西·麦克泰维西。其悲痛的妻子正继承他的兴旺事业———蔬菜水果商店，商店在第十一号高速公路，每日营业到晚8点。"

看到这么有趣的碑文，林俊文忍不住对着碑文自言自语道："你看，这人可真有意思，到了死还在做生意！"林俊文边走边看，越看越有味，他已经深深被这些风趣的碑文吸引住了。他发现，这里完全是一个神秘的花园，他早已忘了他身在何处，而沉浸在对各种墓碑的品味之中了。

另外两则关于吝啬鬼的碑文也非常有意思，一处是请朋友代为撰写的："这儿躺着一个不肯花钱买药的人，他若是知道葬礼的花费有多少，大概会追悔他的吝啬。"

最后，林俊文来到一块酒杯形的墓碑前，上面写道："祝大家长寿，我呢，就免了吧！"

林俊文明白了，杰斯的朋友为什么会在墓园开典礼了，他想象得到，那一定是一个生命的庆典。当他走出浸在欢声笑语里的"欢乐墓园"时，他感到自己的心里如释重负！

原来这座世界闻名的"欢乐墓园"是1930年由一名雕塑家史丹巴特拉斯（Stanpatras）所创设的。从此，幽默墓碑的形式在世界各地发展起来。"欢乐墓园"现在已成了罗马尼亚一个永久性的"博物园"。

从"欢乐墓园"回来以后，林俊文整个人都变了。他开始笑对生活。一开始，这不容易做到。可快乐的力量竟然这样神奇，半年过去了，林俊文完全恢复了生气。他开始致力于公益事业。他拿出多年的积蓄，投资了台湾新兴的陵园；不仅如此，他还经常安慰那些高龄老人和医院的垂危病人，根据他们的经历为他们撰写风趣的碑文。林俊文已经完全变成了一个快乐的人。

人生最大的宝藏

初春的一天上午，胡雪岩正在客厅里和几个分号的大掌柜商谈投资的事情。谈到最近的几笔投资时，胡雪岩面色凝重。店里的掌柜们最近做了一些投资，大家多少都赢利了，只是，有的大掌柜赚取的利润很少。胡雪岩绷着脸，教训起其中几个在投资中获利甚微的大掌柜，告诉他们下次投资时必须分析市场，不要贸然投入资金。

胡雪岩话音刚落，外面便有人禀告，说有个商人有急事求见。前来拜见的商人满脸焦急之色。原来，这个商人在最近的一次生意中栽了跟头，急需一大笔资金来周转。为了救急，他拿出自己全部的产业，想以非常低的价格转让给胡雪岩。

胡雪岩不敢怠慢，让商人第二天来听消息，自己连忙吩咐手下去打听是不是真有其事。手下很快就赶回来，证实商人所言非虚。胡雪岩听后，连忙让钱庄准备银子。因为对方需要的现银太多，钱庄里的又不够，于是，胡雪岩又从分号急调大量的现银。第二天，胡雪岩将商人请来，不仅答应了他的请求，还按市场价来购买对方的产业，这个数字大大高于对方转让的价格。那个商人惊愕不已，不明白胡雪岩为什么连到手的便宜都不占，坚持按市场价来购买那些房产和店铺。

胡雪岩拍着对方的肩膀让他放心，告诉商人说，自己只是暂时帮他保管这些抵押的资产，等到商人挺过这一关，随时来赎回这些房产，只需要在原价上再多付一些微薄的利息就可以。胡雪岩的举动让商人感激不已，商人二话不说，签完协议之后，对着胡雪岩深深作揖，含泪离开了胡家。

商人一走，胡雪岩的手下可就想不明白了。大家问胡雪岩，有的大掌柜赚钱少了被训斥半天，为什么他自己这笔投资赚钱更少，而且到嘴的肥肉还不吃，不仅不趁着对方急需用钱压低价格，还主动给对方多付银子。

胡雪岩喝着热茶，讲了一段自己年轻时的经历："我年轻时，还是一个小伙计，东家常常让我拿着账单四处催账。有一次，正在赶路的我遇上大雨，同路的一个陌生人被雨淋湿。那天我恰好带了伞，便帮人家打伞。后来，下雨的时候，我就常常帮一些陌生人打打伞。一长，那条路上的很多人都认识我。有时候，我自己忘了带伞也不用怕，因为会有很多我帮过的人为我打伞。"

说着，胡雪岩微微一笑："你肯为别人打伞，别人才愿意为你打伞。那个商人的产业可能是几辈人积攒下来的，我要是以他开出的价格来买，当然很占便宜，但人家可能就一辈子翻不了身。这不是单纯的投资，而是救了一家人，既交了朋友，又对得起良心。谁都有雨天没伞的时候，能帮人遮点雨就遮点吧。"

众人听了之后，久久无语。后来，商人赎回了自己的产业，也成了胡雪岩最忠实的合作伙伴。在那之后，越来越多的人知道了胡雪岩的义举，对他佩服不已。官绅百姓，都对有情有义的胡雪岩敬佩不已。胡雪岩的生意也好得出奇，无论经营哪个行业，总有人帮忙，有越来越多的客户来捧场。

金银珠宝、古玩字画都不是真正的宝藏；人格的魅力，才是人一生最大的宝藏。

人生需要
竭尽全力

在美国西雅图的一所著名教堂里，有一位德高望重的牧师——戴尔·泰勒。有一天，他向教会学校一个班的学生们讲了下面这个故事。

那年冬天，猎人带着猎狗去打猎。猎人一枪击中了一只兔子的后腿，受伤的兔子拼命地逃生，猎狗在其后穷追不舍。可是追了一阵子，兔子跑得越来越远了。猎狗知道实在是追不上了，只好悻悻地回到猎人身边。猎人气急败坏地说："你真没用，连一只受伤的兔子都追不到！"

猎狗听了很不服气地辩解道："我已经尽力而为了呀！"

再说兔子带着枪伤成功地逃生回家后，兄弟们都围过来惊讶地问它："那只猎狗很凶呀，你又带了伤，是怎么甩掉它的呢？"

兔子说："它是尽力而为，我是竭尽全力呀！它没追上我，最多挨一顿骂，而我若不竭尽全力地跑，可就没命了呀！"

泰勒牧师讲完之后，又向全班郑重其事地承诺：谁要是能背出《圣经·马太福音》中第五章到第七章的全部内容，他就邀请谁去西雅图的"太空针"高塔餐厅参加免费聚餐会。

《圣经·马太福音》中第五章到第七章内容很多，而且不押韵，要背诵其全文无疑有相当大的难度。尽管参加免费聚餐会是许多学生梦寐以求的事情，但是几乎所有的人都浅尝辄止，望而却步了。

几天后，班中一个11岁的男孩，胸有成竹地站在泰勒牧师的面前，从头到尾地按要求背诵下来，竟然一字不漏，没出一点差错，而且到了最后，简直成了声情并茂的朗诵。

泰勒牧师比别人更清楚，就是在成年的信徒中，能背诵这些篇幅的人也是罕见的，何况是一个孩子。泰勒牧师在赞叹男孩那惊人记忆力的同时，不禁好奇地问："你为什么能背下这么长的文字呢？"

这个男孩不假思索地回答道："我竭尽全力。"

16年后，这个男孩成了世界著名软件公司的老板。他就是比尔·盖茨。

泰勒牧师讲的故事和比尔·盖茨的成功背诵对人很有启示：每个人都有极大的潜能。正如心理学家所指出的，一般人的潜能只开发了2%～8%左右，像爱因斯坦那样伟大的大科学家，也只开发了12%左右。一个人如果开发了50%的潜能，就可以背诵400本教科书，可以学完十几所大学的课程，还可以掌握二十来种不同国家的语言。这就是说，我们还有90%的潜能还处于沉睡状态。谁要想出类拔萃、创造奇迹，仅仅做到尽力而为还远远不够，必须竭尽全力才行。

聊　天

　　我母亲喜欢和我聊天，她从乡下老家来，家乡的新鲜事稀奇事，她都说得有声有色有滋有味，我给她聊聊城里的怪事趣事，她也很喜欢听。

　　但我没有多少时间陪母亲聊天，因为一家人的生活担子全压在我一个人身上，吃饭穿衣要钱，孩子上学要钱，母亲身体不好，看病吃药要钱……我的工资不够用，只好把业余时间用上，干第二职业。

　　我的第二职业是陪聊。在我居住的城市里，这是一门新兴的职业。

　　那天我去职介所，职介所的工作人员对我说，有一个阿婆，单身一人住，生活得很孤单很无聊，想找个人晚上陪她聊聊天。按小时计费，每小时10元，工价不错，只是阿婆对人很挑剔，以前介绍过几个，没干几天就被她辞了，现在正缺人。

　　说实话，我不喜欢这份工作：跟一个素不相识又对人很挑剔的老太婆聊天，能有什么好滋味？不过看在钱的分上，我还是去了。

还好，阿婆对我印象不错，她喜欢的话题我能聊，我说的东西她也喜欢听。第一天晚上去，她让我一直陪她聊到了深夜。我一个晚上挣了50块钱。

回到家里，母亲还没有睡，她一个人坐在厅里等我回来，一副孤苦伶仃的模样。我坐到母亲的身边，想陪她说几句话，刚坐下就被她催走了："锅里热着饭，快吃一点睡觉吧！明天一早还要上班。"

此后，我每天晚上都去陪阿婆聊天，母亲也总是要等到我回来才睡。

阿婆是个很有钱的人，她的家居很气派富贵，家里还雇了保姆。她给我付工钱也很大方，一般情况下，她11点钟就要准备睡觉，我陪她聊的时间只有4个小时，但她每次都是给我一张50元的大票，并说："不用找，明天再来。"

职介所的人跟我说过，阿婆当天给陪聊者结清工钱，如果她没有说下次什么时候再来，那实际上就是把你辞退了。

这样的日子大约持续了三周，她家里除了保姆和我之外，从不见有外人来过。后来有一天晚上，来了一个青年人，那青年人是开着轿车来的，保姆去开门，把他领进来。他进了客厅，开口叫她："娘。"给了她一沓票子，在厅里坐了几分钟，说了几句话就走了。

我很奇怪，因为我从来没有听阿婆说起她有个儿子，还一直以为她是个孤寡老人呢。我问阿婆："他是你儿子吗？"阿婆说是。"他家离这里很远吗？"阿婆说："不远，就在本市，本区。"我越发地奇怪了："离你这么近，又有车，怎么……"

"你是说，怎么不来看我，陪我说话？"阿婆的脸上掠过一片阴云，"因为他太有钱了，他的一个钟头值100块钱。"

那天从阿婆家里出来，一股冷风扑面而来，让我一连打了几个寒战！原来我总以为，我的母亲是天底下最可怜的母亲，他的儿子没有钱，所以连和她聊聊天的时间也没有，想不到还有另外的一个母亲，他的儿子因为有了太多的钱，也没有时间坐下来陪她聊天。

弱势竞争
的奥秘

我闺女是名高一学生。期末考试，她再次兵败滑铁卢，总分750分，只考了316分。对于这么惨不忍睹的成绩，她居然一脸无所谓，一边扯着五音不全的嗓子喊着不知名的歌，一边充当着某卫视频道的骨灰级粉丝。

我忧心如焚，问：闺女，这样下去，你怎么办？

然而，闺女并不在意我的担心，却反问我：知道周冬雨吗？

知道，一个演电影的小姑娘。我回答。

漂亮吗？

不怎么漂亮。

知道她高考分数吗？

网上说是286分，得分率仅为38.1%。

这就对了，闺女得意地说，一个文化低且不怎么漂亮的女孩儿都能够成功，那你对我又有什么可担心的？

听得出来，这是典型的"皇帝轮流做，明年到我家"的思想，看见人家中大奖就以为下一个肯定是自己。哦，谢天谢地，我终于知道闺女的症结所在。于是，我向闺女讲了个真实的故事。

在我主持的一次代课老师招聘会上，来了两个女孩，皆系某学院英语系毕业生，其中一个女孩身材苗条，容貌姣好，另一个女孩矮小黑瘦，相貌平平。

漂亮女孩有一个高大男生做保镖，相形之下，黑瘦女孩形单影只，显出几分凄凉。我的恻隐之心油然而生，便有意让美丽女孩首先上台试讲，留给黑瘦女孩一个超越的机会。

结果，两个女孩都有很不错的表现，不相上下。而我只能选择一个。

我有两个助手，一男一女。究竟选谁，他们存在着分歧。

男助手认为应该选漂亮的女孩，理由是美丽终归是交流的润滑剂。

女助于则有自己的看法，她觉得应该选相貌平平的女孩，理由是姿色平庸的女孩肯定会用勤奋来弥补不足。

两种意见都有道理。

讲到这里，我问闺女：你说究竟该怎么选？

闺女摇着头说：不好选。

我告诉了她答案：选择美丽！瘦女孩失败的真正原因，不是容颜而是表现，她没有让自己的表现达到极致。道理很简单，在同样的土地上，鲜花总比蒿草更容易被人看中，除非蒿草将自己生命的精彩发挥到极致，达到芳草碧连天的境界。

看到闺女听进去了，我进一步说：弱势竞争者只有将精彩表现到极致，才可能赢得成功。这也就是周冬雨成功的秘密。是的，她文化课成绩很糟糕，在三位最后入围者中长得也不怎么美丽，但是她秀气、灵气，尤其是周冬雨把清纯演到了极致，所以才极有魅力。

闺女在认真聆听。我趁热打铁地说：闺女，你要学周冬雨，当然没错！问题是究竟要学她什么。不是学她的风光，而是要学她的风采，也就是把精彩表现到极致的那种风采。当然，你毕竟不是周冬雨，没有她的秀气，也没有她的灵气，但是，你有你自己的特点，你应该努力增长你的才气！有了才气，你将来才可能迎来"把精彩表现到极致"的运气。

闺女听后，没有说什么，关掉了电视，进了自己的房间。不一会儿，我听到房间传来闺女的诵读之声。

你真
了不起

"你真是了不起……"

当你这么称赞时，已届中年的成功人士常会谦虚地说："哪里哪里，我不过秉持着老二哲学啦。"

所谓的老二哲学，就是虽然想要奋发图强，但是并不想做第一，当老二的话，比较有发展的空间，而且不会像老大一样，树大招风。老大要承担的责任太大了。

但这到底都是客套话，就我看来，商场竞争常是你死我活的，每个当老二的人，都想有朝一日把老大干掉。

最近我有个有趣的想法，也许老二哲学不如老三哲学。

你一定看过奥运比赛吧，你认为，银牌得主和铜牌得主谁比较快乐呢？有群心理学家对奥运选手做了一个心理测验，他们研究奥运银牌和铜牌得主发现，铜牌得主竟然比银牌得主对自己的成绩较满意，而且得奖后也比较开心。因为银牌得主总会有些"饮恨"的感觉，觉得自己若不是失手，若能够再多一点运气和努力，就会变成第一名，不会"屈居第二"，所以难免有些怨尤。

铜牌得主对自己的奖牌则有一种"如果我运气不好的话，那么我就什么都没有"的侥幸心理，领奖时表情都比银牌选手开心。

这个研究透露：你开不开心，其实和你是否得到什么样的报酬和评语未必成正比，而是你自己的心态问题。有些人的命其实不坏，可是他老为自己就差一点运气，所以才不能够像某人一样好，所以闷闷不乐(所谓的完美主义者常有这样的心态)。如果能够把想法改为"哇，如果我不是运气好的话，就不是现在这样"——肯定幸运确实降临在自己身上过，我们都会更加感恩于现有的成就。

自认为老三，压力比较小，在许多比赛中，很容易在鹬蚌相争中，渔翁得利，历史枭雄的争夺赛中，常有这样的例子。

不过，老三哲学也不是一种拿来自我麻痹的话，我们也必须有实力挤进前三名才行。因为最沮丧的人，并不是老二，而是就差那么一点的老四！

亲　戚

六姑妈有不少名言，我们后辈常在口头来回传递，比如这一句："做人就好比坐升降机，总是有上有下，有起有落。"六姑妈大起大落的一生可以粗略地划分为3个时期：23岁之前，她坐升降机向上；23岁到57岁，她坐升降机向下；57岁到78岁，她给别人开升降机。

六姑妈出身于官宦家庭，我爷爷晚清时做过湖南布政使，民国初年担任湖南禁烟督办，两个官职都是肥差，挣下偌大一份家业，并不奇怪。六姑妈少女时代锦衣玉食，17岁那年由大伯母作媒，与汪姑爹共结连理。汪姑爹风流倜傥，毕业于美国名校哥伦比亚大学，与胡适是前后校友，口才和文才均相当不俗，是上世纪20年代末、30年代初民国外交界的青年才俊，不到30岁就担任了中国驻日本大使馆的文化参赞。六姑妈很依恋汪姑爹，挚爱之中另有仰慕的成分。可惜好景不长，随着日本关东军侵略中国东北三省，汪姑爹忧愤成疾，32岁病逝于日本横滨。那年，六姑妈满打满算才不过23岁。

"我大病一场，有心随他驾鹤西归，可你奶奶不许，她最疼爱的子女就是我和你爸爸，她要我好生想一想孝道，我一想，就勉强活下来了。"六姑妈是典型的孝女，她不忍伤了母亲的心，让她白发人送黑发人。

抗战时期，六姑妈为了逃难路上少受些拖累，将十几箱贵重的衣物和字画寄放在一位好友家中，这位好友还是汪姑爹的亲戚，想来是可以信托的。可是到了战后，对方借口说衣物和字画全被日本兵掳走了，一股脑儿赖得干干净净。此前数年，大火将长沙焚为赤土，我家的大宗祖业付之一炬，连块砖瓦也没捡回。家道式微之后，六姑妈洗净铅华，做些湘绣帮补家用。其间也常有人上门提亲，她总是甩出一句直顶喉咙的硬话将媒婆打发出门："母亲在，我就一门心思做个孝女，是不会嫁人的。"再后来，长沙解放了，湘绣由专门的部门来管理，六姑妈的作品渐渐没了销路，她就帮我大伯打理家务，闲时她还是忍不住技痒，刺绣些手帕、枕套之类，作为礼物送给亲友，没有人不欢喜，没有人不夸她针功神奇，她报之一笑，并不掩饰自己内心的得意和快意。

"文革"开始后不久，我大伯"畏罪"自杀了，六姑妈处变不惊，没怎么落泪，她极有见地，对我父亲说："死者已得到解脱，活着的人还要吃不少苦头，就把眼泪水留给自己用吧。"到了1968年，不知何方神圣令箭一挥，我们全家就得下放华容县东山公社，六姑妈也在其列，她近乎赌气地说："我都快六十岁的人了，不想去农村养猪种菜，要死就死在长沙。"她急中生智，想出一个留城的绝妙办法，辗转托人物色到湘运公司一位姓王的党委书记，愿去他家当保姆。我父亲对六姑妈认矮服低的做法十分生气，他跺着脚又叫又吼："我们王家再穷再背，也没有屈身去当下人的先例。六姐，你去华容养猪种菜比当下人强一百倍！"六姑妈神色不变，口气却略微有些伤感地说："先前，我们家有钱有势，没少使唤下人。平心而论，都是父母所生，凭什么我们就只能做主子，别人就只能做下人？再说，今时不比往日，王家已经'水落三丘'，我去当别人的保姆，也算是还一还宿债吧。"

她这保姆一做就是二十多年，带大了王家的一个宝贝儿子，教他读书上进，教他尊重父母亲友，教他爱整洁……样样都教得极好，那男孩叫她奶奶也叫得极亲，男孩的父母则对六姑妈尊若高堂，这令六姑妈尤其感到欣慰。有一次，六姑妈对父亲说："年轻时，有一个姓陈的算命瞎子算定我将来膝下荒凉，而且晚景凄苦。前面算他讲对了，我没生下一儿半女，后面就未必然。"从年轻时做参赞夫人到老年当保姆，按照常人的眼光看去，明摆着境遇一落千丈，陈瞎子说六姑妈晚景凄苦也不为错，但人性中还有善良，还有慈爱，还有彼此相濡以沫，还有其他美德，消解了窘境中苦楚的滋味，最终六姑妈"给别人开升降机"也同样获得了幸福，体现了自己的价值。

有时我想，如果当初六姑妈随同我们全家下放到华容山区，说不定她跟母亲一样积劳成疾，早已客死异乡。她有她的主张，她选择了不同的路线和不同的活法，放下了自己曾是大家闺秀的尊严和高傲，去当保姆，反而曲径通幽。人生有许多波诡云谲，唯有智者能够拨开迷雾，见到久违的光明。

六姑妈说做人就跟坐升降机差不多，她没有什么可遗憾的，无论早年荣华还是晚年平淡，都活得实诚，她那二三十年代大家闺秀的天然素质从未丧失分毫，朴素、娴静、雍容、大方、明快、果断，富于同情心和理解力。这是我曾经认识的六姑妈。

争气的
表弟

八年前，一个女人带着正上初一的男孩，在征得我爸妈，甚至我的同意后，寄居在我家，住在那个靠厕所的，不足六平方米的小房间里。小房间原本是我家堆杂物的，勉强可以放一个双人床，再也放不下一样东西了，她们母子俩厚一点的衣物和用不上的被褥只能放在床底。

在寄居我家的前一月，女人刚刚接到她男人的判决书。听妈妈说，她男人因诈骗罪，被司法机关收监。法院原本不打算收她家房子的，女人愣是自己把房子给卖了，因为善良的她不忍看见比自己还可怜人的眼泪，男人欠下的，她哪怕再难、再苦，也得还上。

男孩起得很早，因为他的学校离我们家有七站路的距离，还有他包下了我们家拿牛奶和买报纸的活，尽管他从不喝牛奶，也没时间看报。女人起得比男孩还早，因为那会儿妈妈的身体很不好，被神经性失眠、胃病折磨得够呛，早上那阵往往是妈妈睡得最香甜的时刻。而爸爸呢，似乎永远有加不完的班，出不完的差。我想，就算不是这样，女人也会这样做的。女人原本可以替她儿子做拿牛奶、买报纸的活，可她宁愿唤起熟睡中的儿子。

或许是穷人的孩子早当家、早懂事的缘故，男孩在省重点中学读快班，成绩依然排在班上前几名。我比男孩大四岁，当时在技校读二年级，他的成绩单和三好学生的奖状，让我嫉妒不已，甚至让我感到某种压力，因为爸妈那会儿很喜欢拿男孩同我做比较，最后总是以如果男孩是他们的儿子，他们睡着了都会笑醒作为结束语，这多少让我觉得很没面子，有点下不来台。渐渐地我对母子俩开始变得冷淡，甚至无礼地问过他们，什么时候从我家搬出。正因如此，女人总是让男孩处处让着我。男孩的功课比我多，比我重，但他从不用光线明亮的大房间的写字台，而是趴在他们小房间的床上，垫上一块木板完成作业，即使没人用写字台，男孩也自觉这样做。如果男孩与我碰巧想干一件事，比如都想上厕所，或者都洗手时，男孩会自觉地站在后面，哪怕是他先到的，仿佛我俩当中大四岁的是他一样。

但有时男孩也会忘记女人的话，他很喜欢体育，喜欢足球。有时星期天，男孩和我一块在客厅看电视，男孩会小声对我说："哥，放那个有足球的频道。"

正在拖地的女人会狠狠瞪自己的儿子一眼，男孩就不吱声了，但没一会儿他还会和我提出这个小小的要求。女人也不骂男孩，也不打男孩，她会把男孩叫到她的小房间，没一会儿，小房间就会传来女人的哭声。

有时，到了晚上六七点钟，仍不见男孩放学回来，女人会一边洗碗，一边不时焦虑地望着窗外，我会幸灾乐祸地想：那小子定是在学校踢足球忘了钟点。果不其然，门外传来男孩小得不能再小的叫门声，男孩浑身沾着球场的泥巴，甚至连脸都成了大花脸。过一个小时后，男孩肯定会十分难过地到客厅求我爸妈劝劝女人别哭了。

在那会儿，我特怀疑女人的眼泪是假的，她的哭像是在做戏，怎么说来就来呢？我甚至在想，她是不是得了一种病，叫"泪腺发达症"……爸妈的解释是，女人没什么文化，就小学毕业吧，也说不上什么道理，情急无奈之下只能采取这样的方式了。

其实，我妈和我外婆还有很多人都劝女人别等在牢里的男人了。女人长得其实挺美的，我想，如果她略施粉黛，不比电视上的广告美女逊色。也有许多人热心当媒婆，为女人撮合婚事，女人也见过其中几个。那天，她也曾把其中的一个较为满意的男朋友带到我家来。等女人男朋友走后，小房间里传来了男孩大声质问声："我有爸爸，警察叔叔抓错人了，爸爸会放出来的，等爸爸出来后，我会和爸爸说的……"临睡前，我看见女人在小房间的门外悄悄抹眼泪，从此女人再没见过任何男友。

我不得不承认，男孩是个非常聪明的家伙，什么事他都爱琢磨，他一直缺个笔筒，上次问我借，结果没借到。嘿，那次男孩回家捧着废旧的空可乐易拉罐像个宝似的，琢磨开了，没一会儿，就用剪刀铰了个简易笔筒，女人又用老虎钳将笔筒修了个花边，还用锉刀把棱角处打磨得十分平整，男孩微笑而赞许地看着女人，女人也难得会心一笑望着男孩。后来，母子俩还送了我一个易拉罐笔筒，那笔筒拿在手里很轻，但细细那么一端详，真有点工艺品的味道，我顺手插上两支笔，放在写字台最醒目的位置上，心里的感觉便有些沉甸甸的。也没过几天，母子俩用易拉罐做的天鹅状的烟灰缸，甚至肥皂盒便充斥在我家的客厅、茶几、厕所了。

男孩已经很久没再很晚回家，没再踢过足球，不是因为他"改邪归正"，而是他的足球鞋破得不能再破了。

不过，那次女人参加完男孩的家长会后，很快给男孩买了双簇新的足球鞋，这双鞋可不便宜，足足花去她两个月的工资与奖金。原来，女人在参加完家长会后，看见学校贴的海报，上面写着参加市里足球比赛选拔人员名单，男孩排在第一个，男孩名字后面的括号里清楚地写着"队长"二字。那晚，男孩看着簇新的足球鞋兴奋得流下了眼泪，并信誓旦旦地保证，参加完比赛要把自己的期末成绩排在最前面，不久男孩果真实现了他的诺言。

在那以后很长时间里，男孩很听女人的话，不过有一次竟出现了意外。

那天，男孩放学特别早，碰巧听见我们一家和女人在议论他爸爸诈骗罪的事，他第一次十分无礼，几乎是冲着我们所有人咆哮着，他爸爸是被冤枉的，说完，就冲了出去，我们一家和女人都没追上他。

那天晚上也没见男孩回来睡觉，我们找遍了所有能找的地方。到了第二天的傍晚，市郊的监狱打电话来说，男孩在他们那儿，不过遗憾的是，男孩的爸爸并不在那家监狱服刑，男孩要我们保证今后不准再说他爸爸是诈骗犯才肯进家门。

三年后，母子搬出了我们家，因为男孩上高中了，他成绩好，学校第一次破例让住在本城的学生住校了。那年女人也下岗了，她找了一个她认为是非常好的活，在某装饰城白天当清洁工，晚上当守夜人。有时在装饰城里扫完地，她会帮老板上货、卸货，到月底的时候，老板都会意思两个小钱。晚上，女人也会揽下替装饰城老板洗衣服的活，也能得几个辛苦钱。听妈妈说，女人在装饰城的活，其实特没意思，不管白天或晚上，人不能轻易离开，整个儿被时间给箍死了，连个电视都没有，没了一点娱乐，剩下的也就是在捆扎老板们不要的报纸时，看上两眼过时的新闻吧。

说真的，母子俩搬出小房间后，我有很长一段时间不习惯。首先，家里的饭菜不合口味了，女人弄的菜颜色搭配得我看着就想加饭。我还会愧疚地想起，女人总是往我饭盒里压好菜，而自己儿子的饭盒上似乎全铺着一些下市菜。再说也没人在星期天同我打羽毛球了。

女人的汗水、眼泪总算没有白流，男孩十分争气，在高二那年参加世界中学生奥数比赛，拿了两个金牌，被美国一家著名大学看上，人家老美大学给的条件很不错，好像学费全免，还有全额奖学金。

妈妈、外婆几乎所有人都说，女人的苦日子总算熬到头了，果不其然，女人很快收到了男孩从美国勤工俭学挣来的美元。男孩在信中让妈妈别在装饰城干了，以后，他会养活她的，他甚至还在信的结尾处，十分动情地劝妈妈再找一个合适的男人，只要她满意，真心对她好，他就认这个爸爸。

后来，我在本市一家晚报的副刊上读到男孩写的一篇文章，题目叫《妈妈的眼泪》。在文章的最后，他写道："起初，觉得妈妈是水做的，稍微一生气，一有火就会把眼泪给烤下来。在美国的这些艰难的岁月里，才明白，一个单身妈妈眼泪里有太多的期望、太多的……"

大概在男孩去美国的第二个年头，女人因为长期劳累，进了医院，就再没出来过，按照她临终前的嘱托，我们没有及时告诉男孩。

很多人都说，女人没福气，没有熬到男孩把她带到美国享福的那天，起初我也持这种观点。去年，我做了父亲，方才体会到，女人是有福的。因为，大多数父母在孩子问题上永远像一个不成功的商人，投入是巨大的，金钱、时间、感情、牺牲，但往往都很少有回报，就算有，他们往往也会选择放弃。比如，女人始终没花男孩寄的一美元，而是用男孩的名字将所有的钱存了起来，甚至包括她自己省吃俭用从牙缝里硬抠出来的血汗钱。

那个女人是我苦命的四姨，那个男孩是我争气的表弟。

03

必须做英雄

对不起，
辛苦了

有一位表演艺术家，在功成名就之时，被电视台邀请去做了一档访谈节目。与表演艺术家一同受邀的嘉宾有他以前的同事、他的弟子以及不少热心观众，还有他的妻子。在主持人声情并茂的讲述下，我们知道：他不但艺术成就极高，得过不少奖项，在同行中可谓德高望重。另外，他的家庭和睦、子女孝顺，更是令人羡慕。

在艺术家的朋友、同事以及他的弟子和喜爱他的观众都发表了意见后，主持人突然问他的妻子，像他这样一个近乎完美的人，作为他的妻子，感受应该比其他人更加深刻，也请她谈谈自己的丈夫。在他功成名就之日，她对他也能给出一个具体的意见。

令所有人没有想到的是，他的妻子突然对着话筒大声说了句：我恨他！这一句话不但让现场的观众吃惊不小，就连经验丰富的主持人也吓了一跳，一时间竟然不知道该如何将谈话进行下去了。于是，主持人只得硬着头皮请他的妻子谈谈，她为何恨他。

她的表情慢慢地发生了变化，眼睛里真的涌起了恨意，似乎又回到了过去那些令她不愿提起的日子。她说：那个时候，孩子们还小，他只知道每天满世界去演出，一年在家里待不了几天，平时还好，一遇上孩子生病，就麻烦了，我一边要上班，要照顾老人，一边还要抱着孩子往医院跑，有时候，就是半夜了下着大雨，也得送孩子去就诊。特别是小孩两岁那年，因为是急性肺炎，医生让我将孩子他爸叫回来，让他在手术单上签字，说孩子很可能就没了……

现场的观众寂静无声，都睁大了眼睛静静地盯着她，等待着她的下文。她接着说：我说，孩子他爸还在外地演出呢，就让我签字吧。所幸，孩子平安地度过了危险期。那个时候，我是多么恨他啊，我恨他为什么不在我的身边！

观众席上一阵骚动，主持人也许害怕他妻子的话对他的名声有所影响，便试图打断她的话。可是，她已经一"话"不可收拾：还有他的父亲，我的公公，在一次病危时，也是我在医院的手术单上签的字。我恨他，真的恨他，好几次我都想，等他回来了，我要不就大骂他一顿出口气，要不干脆跟他离婚算了。可是，每当他一回到家里，看着他疲惫不堪的样子，我又不忍责备他了，因为事情已经过去了。转眼40年过去了，我甚至从来都没跟他说起过。

这时，主持人终于松了一口气，并转而将话筒对准了他。没想到他早已是老泪纵横，他像一个受了委屈的孩子似的哭出了声：老伴，你怎么不早一点跟我说这些啊，如果你今天不说出来，我还以为你一直过得很幸福，对我很满意呢。我真的是对不起你啊，今天，当着所有观众的面，我要郑重地对你说一声：对不起。他的一声"对不起"让她泪流满面，面对他的泪眼，她说：我今天之所以要说出来，是因为我想亲耳听到你对我说一声"对不起，辛苦了"的话。这40年来，你不欠我别的，就欠我这一句话！现在我决定原谅你了。观众席上瞬间一片哭声，随后是一片掌声。

是的，我们总是对自己的亲人、身边的爱人的关心和付出漠然置之，认为那是应该的，没想到她们也有委屈，她们也需要你的安慰和关心。如果有可能，就请早点对她说一声"对不起，辛苦了"吧。

这就是动力

在美国，有一位叫库帕的大学生一时找不到工作，就在弹尽粮绝的时候，他决定去乔治的公司试试。库帕是一位无线电爱好者，从小就崇拜无线电界的资深人士乔治；如果乔治能够接纳他，他想，他肯定能够学到很多东西，日后也能像乔治一样在无线电行业取得巨大的成绩。当库帕敲开乔治的房门时，乔治正在专心研究无线电话，也就是我们现在常用的手机。

库帕将自己在心里想了很久的话，小心翼翼地在乔治面前讲了出来。他说："尊敬的乔治先生，我很想成为您公司的一员，如果能够留在您的身边，当您的助手，那就更好了。当然，我不求待遇……"谁知，还没等库帕说完，乔治便粗暴地将他的话打断了。乔治用不屑的眼神看着库帕说："请问你是哪一年毕业的？干无线电多长时间了？"库帕坦率地说："乔治先生，我是今年刚毕业的大学生，还从没干过无线电工作，但是我很喜欢这项工作。"

乔治再次粗暴地打断了库帕："年轻人，我看你还是请出去吧，我不想再见到你了，也请你别再耽误我的时间。"

原本诚惶诚恐忐忑不安的库帕，这时心情倒平静了下来，他不慌不忙地说："乔治先生，我知道您现在正在忙什么，您在研究无线移动电话是吗？也许我能够帮上您的忙呢。"

虽然对库帕能够猜出自己正在研究的项目而感到惊讶，但乔治还是觉得面前的这个年轻人太幼稚，还不足以为自己所用，所以他坚决地下了逐客令。最后，库帕说："乔治先生，终有一天，您会正眼看我的。"不久，库帕在摩托罗拉公司谋到了一份工作。

1973年的一天，一名男子站在纽约街头，掏出一个约有两块砖头大的无线电话，引得过路人纷纷驻足注目。这个人就是手机的发明者马丁·库帕。当时，库帕是美国摩托罗拉公司的工程技术人员，库帕说："乔治，我现在正在用一部便携式无线电话跟您通话。"

乔治怎么也想不到，当年被自己拒之门外的年轻人真的在自己之前研制出了无线移动电话——手机。现在，手机已成为人们日常生活中不可缺少的通讯工具，而马丁·库帕的大名也被人们所熟知。有记者采访马丁·库帕时问："如果当时您被乔治收留，您肯定会协助乔治完成手机的研制，而这一功劳也肯定会是乔治的，是不是？"马丁·库帕回答说："不，如果当时乔治收留了我，我成了乔治的助手，我们也许永远也研制不出现在的手机来，正因为他拒绝了我，掐断了让我想向他学习的念头，所以我才重新开辟出了一条研制手机的道路，并且成功了。那条道路的名字就叫屈辱，我将乔治对我的污辱化成了前进的动力。如果没有这种动力，就是我跟乔治联手也不一定能完成这项研制工作。"

只要
你肯努力

　　他出生的时候，恰逢抗战胜利，欣喜之下，就给他取名凌解放，谐音"临解放"，祖国早日解放。几年后，终于盼来全国解放，但是凌解放却让父亲和老师们伤透了脑筋。他的学习成绩实在太糟糕，从小学到中学都留过级，一路跌跌撞撞，直到21岁才勉强高中毕业。

　　高中毕业后，凌解放参军入伍，在山西大同当了一名工程兵。那时，他每天都要沉到数百米的井下去挖煤，脚上穿着长筒水靴，头上戴着矿工帽、矿灯，腰里再系一根绳子，在齐膝的黑水中摸爬滚打。听到脚下的黑水哗哗作响，抬头不见天日，他忽然感到一种前所未有的悲凉，自己已走到了人生的谷底。

　　就这样过一辈子，他心有不甘。每天从矿井出来后，他就一头扎进了团部图书馆，什么书都读，甚至连《辞海》都从头到尾啃了一遍。其实，他心里既没有明确的方向，也没有远大的目标，只知道，如果自己再不努力，这辈子就完了。以当时的条件，除了读书，他实在找不出更好的办法来改变自己。

　　书越看越多，渐渐地，他对古文产生了浓厚兴趣。在部队驻地附近，有一些破庙残碑，他就利用业余时间，用铅笔把碑文拓下来，然后带回来潜心钻研。这些碑文晦涩难懂，书本上找不到，既无标点也没有注释，全靠自己用心琢磨。吃透了无数碑文之后，不知不觉中，他的古文水平已经突飞猛进，再回过头去读《古文观止》等古籍时，就非常容易。当他从部队退伍时，差不多也把团部图书馆的书读完了。就连他自己也没想到，正是这种漫无目的的自学，为自己日后的事业打下了坚实基础。

转业到地方工作后，他又开始研究《红楼梦》，由于基本功扎实，见解独到，很快被吸收为全国红学会会员。1982年，他受邀参加了一次"红学"研讨会，专家学者们从《红楼梦》谈到曹雪芹，又谈到他的祖父曹寅，再联想起康熙皇帝，随即有人感叹，关于康熙皇帝的文学作品，国内至今仍是空白。言谈中，众人无不遗憾。说者无心，听者有意，他心里忽然冒出一个念头，决心写一部历史小说。

这时候，他在部队打下的扎实的古文功底，终于派上了大用场，在研究第一手史料时，他几乎没费吹灰之力。盛夏酷暑，他把毛巾缠在手臂上，双脚泡在水桶里，既防蚊子又能取凉，左手拿蒲扇，右手执笔，拼了命地写作。几乎是水到渠成，1986年，他以笔名"二月河"出版了第一部长篇历史小说——《康熙大帝》。从此，他满腔的创作热情，就像迎春的二月河，激情澎湃，奔流不息。他的人生开始解冻。

毫无疑问，如果没有在部队的自学经历，就没有后来名满天下的二月河。他在21岁时跌入了人生最低谷，又在不惑之年步入巅峰，从超龄留级生到著名作家，其间的机缘转折，似乎有些误打误撞。但二月河不这么理解，他说："人生好比一口大锅，当你走到了锅底时，只要你肯努力，无论朝哪个方向，都是向上的。"

以人为本

一个在法国做生意的朋友给我讲了这样一个故事。

一天，他因为生意上的事需要从巴黎乘坐法兰西航空公司的飞机去德国汉堡。这趟飞机他坐过很多次，是一趟直达的航班。

但是这一天晚上，航程刚过一半的时候，却突然降落在一个不知名的机场，乘客们开始疑惑起来，他也连忙问身边的空姐发生了什么事情。

空姐微笑着细声解释说："我们只是中途停下来加油而已。因为今天，我们的飞机人员超重了，起飞时飞机卸下了部分燃料。"

这时，他站起来，环顾四周，果然发现飞机上坐了几个巨胖的乘客。原来就是因为这几位巨人的出现使飞机超重了，无法成行。而机组为了能让他们顺利成行，机长当即决定将飞机的部分燃料卸了，以减轻重量，等到行程一半的时候，再到一个小机场二次补充燃料。

朋友是个商人，深知成本对于生意的重要性，一听就明白，这绝对是一场赔本的生意。

因为在一个机场降落需要支付的费用，远远不是几位乘客的机票钱所能解决的。

于是朋友忍不住问了一句："你们这样不是很不划算吗？礼貌地把那几位胖人请下去搭乘下一航班，岂不是更加划算一点？"

空姐摇头对他说："不！我们不能这么干，因为无论胖瘦，他们持有的机票都是一样的，他们都是我们的顾客，我们不能丢下他们中的任何一个。"

朋友听完后，立即佩服地点点头。

朋友告诉我，他当时被深深地触动了，因为机组为了让每一位顾客都能顺利到达目的地，不惜付出高昂的成本去完成航程。

后来，每一次往返于欧洲各地，他总是喜欢挑选法兰西航空公司的航班，因为他喜欢上了那种真正的尊重——一种不计得失而坚持以人为本的服务态度和心系他人的责任心凝聚起来的尊重。

关爱来自于
自己

　　洛克菲勒年轻的时候曾经一无所有，像当时许多年少无知的人一样，到处流浪，得过且过。不过，洛克菲勒怀有十分远大的理想，他期望自己有一天能够有一笔任由自己支配的巨大财富。

　　带着这个伟大的梦想，洛克菲勒来到了距离家乡很远的一个偏僻小镇。在这个小镇上，洛克菲勒结识了镇长杰克逊先生。杰克逊先生已经年过五旬，他一直以来都在这个虽不繁华但是却令自己倍感亲切的小镇上。他担任这个小镇的镇长已经很多年了，但是镇上的人们却从来没有想到要选举新的镇长。

　　的确，杰克逊实际上也是担任镇长的最佳人选，他性格开朗、为人热情，而且平易近人，更重要的是，他的心地十分善良。无论是当地人，还是来到这个小镇上的人，只要与杰克逊有过一定的接触，他们就会深切地感受到杰克逊的热情和善良，同时也会受到感染。

　　洛克菲勒住的小旅馆就离镇长杰克逊家不远。每当洛克菲勒站到旅馆旁的大门前向远方遥望时，他都会看到镇长家门口的那片长满各色鲜花的花圃。每次遇到洛克菲勒时，镇长都会停下忙碌的脚步问这个独在异乡的年轻人有什么需要帮忙的地方。当洛克菲勒需要一些生活用品时，热情的镇长夫人总是会十分高兴地给予帮助，而且镇长还会时不时地让女儿为洛克菲勒送去一些妻子做的可口点心。

在小镇上住了一段时间仍然感到一无所获的洛克菲勒决定过几天就离开这个小镇了，在离开小镇之前他要特别感谢镇长给予他的关照。就在他准备向镇长告别的前几天，小镇迎来了连续几天的阴雨天气，洛克菲勒不得不继续留在这里，同时他也在心里咒骂着这该死的鬼天气。

小雨时断时续，每当雨滴停止的时候，洛克菲勒都会走出旅馆大门——实际上洛克菲勒就住在杰克逊家的斜对面，看看镇长家门前那些经雨露滋润而倍加娇艳的花朵。这一天，当他走出旅馆大门的时候，他看到镇上来来往往的人们已经把镇长家门前的花圃践踏得不成样子了。洛克菲勒为此感到气愤不已，他真为镇长和这些花朵感到惋惜，于是他站在那里指责那些路人的行为。可是第二天，路人依旧踩踏镇长家门前的那片可怜的花朵。第三天，镇长拿着一袋煤渣和一把铁锹来到了泥泞的道路上，他用铁锹把袋子里的煤渣一点一点地铺到了路上。一开始洛克菲勒对镇长的行为感到不解，他不知道镇长为什么要替这些践踏自己家花圃的路人铺平道路。可是很快他就明白了镇长的苦心，原来有了铺好煤渣的道路，那些路人再也不用踩着花圃走过泥泞的道路了。

洛克菲勒最后还是离开了这个小镇，不过他知道，自己也不是一无所获地离开了，他带着镇长杰克逊告诉自己的一句话从从容容地踏上了追求梦想的道路，那句话就是"善待别人就是善待自己"。直到成为闻名于全美的石油大王，洛克菲勒依然牢牢地将这句话铭记在心中。

善待别人就是善待自己。性格自私的人不愿意对别人付出任何关爱，所以他们永远都体会不到来自他人的友情和温暖。而那些胸襟开阔的人则始终生活在幸福和关爱之中，这些幸福和关爱既来自于别人，也来自于他们自己。

别过去！
可能有危险

　　我去佛罗里达旅行，姑姑阿加莎最近搬到米勒丽姆山的社区里，我决定去看望她。

　　"我没有在表单上看到您的名字。"门卫对我说。我连忙回答："噢，我没有告诉姑姑。我姑姑叫阿加莎。"门卫立刻在电脑上找到了姑姑的电话并开始打电话。在他拨打电话的时候，我注意到已经有好几辆汽车在后面等着。

　　"电话正忙。"门卫回答我。他看了看越来越多的汽车，显得有些焦急了。他试着再次拨打，可还是没有接通，而后面的汽车越来越多。最后，他问我可不可以等会儿再过来，我同意了。

　　我把车开到了不远处，然后用手机拨打姑姑的电话，也是占线，我不可能在佛罗里达炎热的太阳下一直打下去。我回头望了一下门卫室，两个门卫正忙着检查那些汽车没有时间顾及我。我再看了看小区周围的栅栏，只有一米多高。不知道在什么力量的驱使下，我瞭了一眼后快速翻过栅栏。社区里分了很多小区，我姑姑住在安瑞勒小区里，但是我根本找不到。一个高尔夫球场在入口处也设置了一个小守卫厅，我听到那个守卫说道："约尼太太，你必须有ID卡才能进去。这是我们的规定，是为了大家的安全啊。如果有恐怖分子进来那怎么办？"老人解释道："我只是今天忘带了。""我可以载你回去取ID卡，不过你要记得，不管你去哪一个公共场所你都需要ID卡。"

他帮助老人坐上了汽车并开动了。突然，从车顶上滑下来一个黑色的小对讲机。对讲机是守卫在扶老人的时候放上去的，我立刻跑过去捡了起来。突然，我的身后传来喊声："嘿！你！去哪里？"我回头一看，两个门卫正挥着手向我这边跑来，他们看起来很愤怒。

我抬腿就跑，躲进了两栋楼之间的墙角处并伸出头来探探情况。一个门卫拿起对讲机讲话，我从手中的对讲机中听道："有人闯入了社区！最后在佛罗特街看到！"

片刻间至少十几辆车赶到了那里，门卫解释了一下情况后他们便开始搜寻我。

我有了一个主意。我拿起对讲机说："闯入者在安瑞勒。"顿时，所有的车涌向了同一个地方，我马上知道了安瑞勒的位置。"噢，不，闯入者出现在游泳池旁边！"我再一次喊道。等他们离开后，我去了安瑞勒。

姑姑见到我后非常惊喜，她连忙给我准备了冰茶和曲奇饼。在我和姑姑聊天时，一只小鸟飞到了阳台上。当我想上前看看的时候，姑姑叫住了我："米尔！别过去！可能有危险！"我诧异极了。姑姑解释道："这只鸟我从来没见过，可能带有病毒。"随后她又接着说："我的电话坏了，你的手机借我用下，我给守卫报告一下。"我慌了，连忙冲上前去赶跑了小鸟。

几个小时后，我再一次导演了一群安全守卫在社区追逐闯入者的游戏。看到金黄色的阳光照在这片广阔的土地之上，我却觉得这像是一个生命的囚笼，让人喘不过气来。

这让我想起我在郊区的别墅，突然我觉得它珍贵起来。那里有鸟语花香，有山有水，但没有守卫。因为，在那片纯净的大自然里，根本不需要守卫。我是如此地渴望，人们心中善良的灯塔再高再亮一点，让我们都能够忘我地欣赏这个世界的鸟语花香，还每一个灵魂无需防守的安宁自由和谐的美丽世界。

成功的
诡计

气象局预告有强台风来袭，主办单位并未因而停办活动，我依约在风雨中去了新竹演讲。两小时很快就结束，趁着风势还未转强，我急于赶回家，没想到一位听众拦住了我的去路，约我谈心。看他忧心忡忡的模样，我不忍拒绝，便点头同意了。于是他带我踏入布置优雅、很有人文风采的咖啡厅，选了一处面向公园，绿意浓浓的雅座。

起初他吞吞吐吐，欲言又止，最后终于鼓起勇气把压抑、隐藏了20年的噩梦，一股脑说了出来。

"不知道女儿是否依然怨我？"这话没头没尾，我不明就里，于是听他娓娓道来。

眼前的这位老先生是一位退休的高中教员，在学校以严格著称，是公认的名师、升学班的代表人物、家长信任的对象，堪称红人。他认为，即使孩子被打被骂都无所谓，最重要的是可以考上好学校。

他对学生要求很高，对自己的女儿更不在话下。女儿在校表现不错，据说有念医学院的实力，父亲对她寄予厚望，明里、暗里指示，非考上医学院不可。女儿的压力全写在脸上，联考前一个月，常常无故生病、腹痛、头晕，以至于马失前蹄，不仅没有考上医学院，连普通大学都没摸着边，最终上了一所学费昂贵的私立大学。眼前的这位老先生当时完全无法接受，破口大骂，翻天覆地地闹了好几回。女儿成天以泪洗面，仿佛天塌下来似的。他终于隐忍不住心中的沮丧，脱口而出："考那么烂，不会去跳楼啊？"语毕，重重地踢了大门一脚，扬长而去。

女儿因而失踪了7天，他焦急地四处打探，请求协寻，终于在一间废弃的老屋找着满身污垢的女儿。从此之后，父女四年不说话，这个结直到女儿大学毕业，通过留学托福考试才解开。

"我不知道她还恨不恨我？"

"你觉得呢？"

"应该心结已解，她都结婚生子了，也很孝顺，只是我的结未解，不舒坦啊？还好没跳楼，否则我的罪洗不清了。"

"真的没跳，那就放下吧，往前看才能用爱释怀。"

我拍拍他的肩，他似有所悟，点头感恩，在风中离开咖啡厅，迷蒙的身影隐没在水花溅起的白雾之中。

风中的耽搁，让我回程中遇上了暴风雨，但因解开一位老者长年的心结，也算公德一件。他所言之事，让我对人生也有所悟。

失败未必一无是处！

我的一位在小学任职的友人曾语重心长地对我说："一张

考卷，决定不了人生，但我们却选择被它决定。"好有哲理的省思！人生长路，一帆风顺本是骗局，我们竟然深信不疑。风雨不断才是常态，可是华人基因里却隐伏着"怕失败"的特性，以为天会因为一次失败塌下来。即使大考真没考好，也只是一次没考好，并不代表人生从此不顺，这点多数人是想不清楚的。

西方哲人的眼中，失败是有趣的，它送来了两份厚礼，一是经验，二是阅历。这两者正是构成智慧的重要条件。

平顺是人生大礼，但过于平顺，也许连创思都不见了，哪能举一反三？至少我所见过的许多才华横溢的人，童年时期都是困苦艰难的，仿佛应了"吃得苦中苦，方为人上人"的古训。

失败是机会，可以因而了解自己的足与不足，这点至关重要。在我看来，人生至少有两部大书非读不可，一部是自己，一部是自然，能够通过失败了解自己的兴趣与性向的人，反而因祸得福。

我便是一例。当年大学联考，志在医学院，但阴差阳错进了心理学系，只因填错了志愿。人生从此大转折，却因而失之东隅，收之桑榆。

医学院我不爱，即使被录取，毕业了，开一间诊所，大约也不会太快乐。赚得了钱，但未必赚到生活美学。心理系我喜欢读来起劲，花了心力，成就一家之言，更重要的是我因而添了助人的利器，依它四处施法。

医学院是好路，但心理系是对路，好路未必好，对路才有活路。失败不好吗？每一次失败都使我更接近成功。成功者都是如此不停地失败，不断地反省，一再地进化，反刍成智慧。怪不得有人相信，成功是一串失败的轨迹。

没有
想当然

　　2008年9月15日上午10点，拥有158年历史的美国第四大投资银行——雷曼兄弟公司向法院申请破产保护。消息转瞬间通过电视、广播和网络传遍地球的各个角落。令人匪夷所思的是，在形势如此明朗的情况下，德国国家发展银行居然在10分钟后，按照外汇掉期协议的交易，通过计算机自动付款系统，向雷曼兄弟公司即将冻结的银行账户转入了3亿欧元。毫无疑问，这3亿欧元将是肉包子打狗有去无回。

　　转账风波曝光后，德国社会各界大为震惊，舆论哗然，普遍认为，这笔损失本不该发生，因为此前一天，有关雷曼兄弟公司破产的消息已经满天飞，德国国家发展银行应该知道交易存在巨大风险，并事先做好防范措施才对。德国销量最大的《图片报》，在9月18日头版的标题中，指责德国国家发展银行是迄今"德国最蠢的银行"。此事惊动了德国财政部，财政部部长佩尔·施泰因布吕克发誓，一定要查个水落石出并严惩相关责任人。

　　人们不禁要问，短短10分钟里，德国国家发展银行内部到底发生了什么事情，从而导致出现如此愚蠢的低级错误？一家法律事务所受财政部的委托，带着这个问题进驻银行进行全面调查。

法律事务所的调查员先后询问了银行各个部门的数十名职员，几天后，他们向国会和财政部递交了一份调查报告，调查报告并不复杂深奥，只是一一记录了被询问人员在这10分钟内忙了些什么。然而，答案就在这里面。看看他们忙了些什么——

首席执行官乌尔里奇·施罗德：我知道今天要按照协议预先的约定转账，至于是否撤销这笔巨额交易，应该让董事会开会讨论决定。

董事长保卢斯：我们还没有得到风险评估报告，无法及时做出正确的决策。

董事会秘书史里芬：我打电话给国际部业务部催要风险评估报告，可那里总是占线，我想还是隔一会儿再打吧。

国际业务部经理克鲁克：星期五晚上准备带上全家人去听音乐会，我得打电话提前预订门票。

国际业务部副经理伊梅尔曼：忙于其他事情，没有时间去关心雷曼兄弟公司的消息。

负责处理与雷曼兄弟公司业务的高级经理希特霍芬：我让文员上网浏览新闻，一旦有雷曼兄弟公司的消息就立即向我报告，当时我正要去休息室喝杯咖啡。

文员施特鲁克：10:03，我在网上看到了雷曼兄弟公司向法院申请破产保护的新闻，马上就跑到希特霍芬的办公室，可是他不在，我就写了张便条放在办公桌上，我想他回来后会看到的。

结算部经理德尔布吕克：今天是协议规定的交易日子，我没有接到停止交易的指令，那就按照原计划转账吧。

结算部自动付款系统操作员曼斯坦因：德尔布吕克让我执行转账操作，我什么也没问就做了。

信贷部经理莫德尔：我在走廊里碰到了施特鲁克，他告诉我雷曼兄弟公司破产的消息，但是我相信希特霍芬和其他职员的专业素养，一定不会犯低级错误，因此也没必要提醒他们。

公关部经理贝克：雷曼兄弟公司破产是板上钉钉的事，我想跟首席执行官乌尔里奇·施罗德谈谈这件事，但上午我要会见几个克罗地亚客人，我想等下午再找他不迟，反正不差这几个小时。

德国经济评论家哈恩说，在这家银行，上到董事长，下到操作员，没有一个人是愚蠢的，可悲的是，几乎在同一时间，每个人都"想当然"，结果加在一起就创造出了"德国最愚蠢的银行"。

演绎一场悲剧，短短十分钟就已足够。

喜悦——
即刻只是片刻

一株仙人掌孤独地生长在茫茫沙漠中。

"我成天站在这里什么也不能做，我有什么用呢？"它叹了口气，"我是沙漠里最丑的植物。我的茎上布满了刺，我的叶子像橡胶般坚韧，我的皮肤也坑坑洼洼粗糙不平，我不能为任何过往旅客提供树阴或水果……"

日子一天天过去了，仙人掌越来越高也越来越胖。它的身子四处膨胀开来，而且长出几个不规则的肿块。看起来真是太奇怪了。

生活就这样继续着，年复一年。仙人掌越来越老，它知道它的生命所剩不多了。

"哦，上帝，"它哭喊道，"我一直渴望能做一些有用的事，但我没有发现我能做什么，请原谅我，也许我再也没有机会了。"

突然，仙人掌感到体内有种东西在涌动，它的头顶绽放出一朵光彩夺目的花儿，就像给它加了一顶璀璨的皇冠。突如其来的喜悦，冲掉了仙人掌所有的绝望。

沙漠里未曾开过这样的花。它的芬芳弥漫开来，沙漠里飘散着从未有过的幸福气息。蝴蝶羡慕地望着它不愿离去，爬出来探望的月亮也露出了笑脸。

　　这时，仙人掌听到天空传来的声音：

　　"这朵花确实让你等得太久了，但现在你应该明白，世界上的万物都是有用的，它们都会给世界带来喜悦——即使只是片刻。"

留在记忆里的爱

父亲爱吃手擀面。

据说手擀面是父亲作为祖母最小儿子特殊的待遇。每每遇到特殊日子，比如父亲生日，祖母总会挽胳膊撸袖子大动干戈地为父亲做小灶，手擀面。

作为祖母的最小孙子，我倒也"有幸"品尝过父亲口中反复念叨无数次的美味，祖母的手擀面。不过，祖母的手擀面，除了面劲道外，味道却并不像父亲说的那样可口。祖母的做法实在太粗糙了，水烧开，放上一点小白菜，或者小青菜，甚至或者是嫩萝卜芽嫩红薯叶儿干芝麻叶儿之类，然后是油盐，有时会浇一些蒜泥。

后来，就是父亲成家之后，父亲对祖母的手擀面也只停留在口头上的纪念了，原因是母亲的手擀面似乎超越了祖母，不管是在面的劲道上还是在烹制的细心上。不过据说母亲刚来我家时远没后来那么辉煌。那会儿，母亲看父亲那么口馋地吃祖母的手擀面，自然有些醋意，便狠下心要把自己的手擀面做出个名堂。当然从一个门外汉到一个行家这中间的道路是颇为曲折的，经历了无数次的要么面软了要么面硬了，要么面厚了要么面薄了，要么面宽了要么面窄了之后母亲终于骄傲地赢得了父亲舌头的垂青，祖母也终于无奈地认输了。当然母亲的法宝在于年富力强，擀出的面更劲道，更在于母亲的浇头油大盐大料精。败下阵的祖母每每忿忿然，暗地里说些母亲败家了，不会过日子了之类的话泄愤，母亲倒不怎么在乎，颇有一副胜利者的大度模样。

当然，我们小那会儿，农村的日子拮据，手擀面自然还是偶尔的伙食改善，因为母亲并不像祖母说的那样败家。只是这"偶尔"不再是因为父亲，而是我和姐，我们的生日，或者我们考试得了第一的日子。

过了拮据的年景，手擀面还不是每日的饭食，因为农村家家都有了面条车。相反，手擀面似乎淡出我的记忆。

直到后来，我大学快毕业的时候，母亲病重，姐和父亲都在外地，我只得回家照料母亲。那时母亲身体孱弱到几乎不能利索地行走。我每天做饭，洗衣。母亲竟非常的愧疚，老念叨着自己还不年迈就不能干活了，拖累一家老小不得安生了。我千方百计地开导也不怎么见效。突然一天，母亲执拗地说要为我做手擀面。看着母亲蹒跚的身影，我说手擀面老费劲儿了，就歇歇吧！以后身体好点再做！母亲竟流了眼泪。看着母亲的眼泪，我也泪眼婆娑，默默帮母亲准备起来：洗菜，切菜。但和面，母亲要自己来。母亲慢腾腾地和好面，便擀起来。佝偻着背，喘息着，额上沁着细密的汗珠……我几次要帮手，都被母亲拒绝了。泪光模糊里，我看到以前的母亲，擀起面条来那么麻利、轻快，似乎是和着音乐的节奏。母亲还不老，然而病魔把母亲折磨的像秋风残烛一般。终于做好了，母亲终于可以歇歇了。母亲似乎对擀好的面不怎么满意，一个劲地喃喃自语，不行了，不中用了，不中用了。那次的手擀面，和着母亲的汗水和我的泪水，我吃出了别样的味道。

后来，上帝带走了母亲。

我以为手擀面只能留在记忆里了。

姐怀孕了，百般的不习惯婆家的饮食，便千里迢迢拖着笨重的身躯回来。家里只有老父一人了，我工作了，虽离家不远，却不能与亲人时刻相守。难得的假日里回到家里，姐便指挥着收拾收拾家什，厚厚的浮尘透露着无尽的苍凉。收拾过程中，厨案板上的擀面杖勾起了姐的伤感，姐抱着擀面杖洪水决堤般地哭了良久，之后，姐笨重地系上围裙，和面，擀面了。我不解的是，姐何时竟也会做手擀面了。

手擀面，劲儿劲儿地、热腾腾地纠缠在我心头，很久，很久，也许是永久，对，永久！

对不起，
我爱你

　　我9岁那年的夏天，父母的感情出现了问题，暑假结束的那个晚上，我终于鼓足勇气问父亲："是您不爱妈妈了，还是妈妈不再爱您了？"父亲惊讶地看了我很久，低着头说："孩子，都是我的错，我、我爱上了别的女人。"他的回答让我很愤怒，母亲既漂亮又能干，难道还有谁会比母亲更出色？

　　我厌烦地从椅子上跳起来，冲进母亲的卧室。母亲还没回家，房间整洁而清新，荡漾着淡淡的薰衣草香味。这是一个记载了多少幸福和甜蜜的家啊！可是父亲爱上了别人。突然，我在书桌上看见了母亲写的《离婚起诉书》，母亲是个大度的女人，她没有责怪父亲移情别恋，而是在离婚理由陈述一栏里写着因为自己醉心于工作冷落了丈夫。卧室里还有两个大大的旅行箱，我好奇地打开其中的一个，最上面有一张照片，是我出生一个月后，母亲抱着我，父亲抱着母亲的"全家福"。母亲曾不止一次说过，9年前的这个时刻是留给她一生中最甜蜜幸福的回忆。

　　不知什么时候，我已经泪流满面，因为母亲的箱子里塞着换洗衣服、日用品、照相机，还有几本关于非洲原始丛林的书，看来妈妈已经打定主意离婚了，而且决定完成自己多年前的夙愿：一个人去非洲原始丛林。

那天晚上，我彻夜辗转难眠。怎样才能让母亲开心呢？我想起在行李箱里看到的照片，脑子里有了主意。

几天后，父亲告诉我他们即将离婚，当父亲问我是否愿意跟他一起生活时，我说："您能答应我，从明天起，一直到母亲去非洲前的10天时间里，每天都抱抱我和母亲，就像我出生一个月时您抱着我们照的那张照片一样，好吗？"说完，我发现父亲的脸突然红了，母亲也惊奇地睁大了眼睛，但无论如何，父亲还是同意了我的建议。

那天，他们没有按原计划去办理手续。第二天，为防止父亲反悔，提前出门上班，我起得很早，当我洗漱完毕时，发现父母已经站在客厅里。我故意装着背书包要上学去，妈妈突然叫住我，向我缓缓地伸开臂膀。我扑倒在母亲的怀里，她已经37岁了，而我也已长大，她抱起我的时候有些吃力。我抱着母亲的脖子，示意父亲过来。他无奈地摇摇头，犹豫了一会儿终于脱掉笔挺的西装，然后慢慢蹲下去，双手环住妈妈的腰，我感觉有些窒息。9年了，我已经由一个世事不知的婴儿长成了一个小男子汉，而父母也渐渐老去，不再有年轻时的激情和力气。

父亲终于把我和母亲抱了起来，他大口大口地喘着气，3秒钟不到就把我们放在地上。嘴里还嘟囔着："尼古拉，你不背书包的话，我可能会坚持得久一些。"我感觉脖子里有温暖湿润的东西在滚动，那是母亲的泪。

下午放学回家，母亲做了很多菜，都是我和父亲喜欢吃的。虽然父亲那天回来得有点晚，但还是要比平时早一些。

第二天早上，在等待父亲拥抱时，我放下了书包，当他将我和母亲抱起时，我"命令"道："您今天可要多坚持两秒钟！"母亲的呼吸有些急促，她的脸红扑扑的，就像一个刚坠入情网的姑娘，父亲看起来也很不好意思。

日子过得很快，当父亲第五次抱起我和母亲时，他自豪地说："我这几天力气变得越来越大了，抱两个人都不吃力。"在父亲送我去上学的路上，我提示父亲："不是您的力气变大了，而是母亲瘦了许多。"

那天晚上，父亲回来得很早，他悄悄地跟我说："孩子，你的母亲确实瘦了许多。"我有些哽咽地说："从明天起，您就只抱母亲吧。"没等父亲说话，我就再也忍不住，泪如泉涌，冲进自己的卧室。

第二天我起得很早，躲在房间里，透过门缝看着客厅。母亲这天穿上了她最喜欢的那件蓝色连衣裙。没有我在一旁，他们似乎有些尴尬，几天来他们已把我当成了联系彼此的桥梁。大约过了10分钟，父亲说："今天就让我单独抱抱你吧。"母亲惊奇地抬起头，她的眼睛里闪烁着泪光。我看见父亲伏下身将母亲从沙发上抱起。没有我从中搅和，父亲的拥抱有些生涩，然而，这一次，父亲抱母亲时比以往更用力，时间也更长了。

再过一天母亲就要去非洲了，按父亲给我的承诺，他的拥抱也只剩最后一次了。我不知道这一次我是该"搅和"进去，还是躲在一边。那天半夜我突然醒来，发现父母坐在我的床边。母亲对我说："尼古拉，让妈妈再抱抱你吧。"我的心一阵刺痛，看来，他们还是要离婚。我将头缩进被窝里，如果这是最后一次拥抱，我宁愿把它留在许多年后的某天。这时父亲说话了："孩子，如果你愿意让母亲抱一下，我们就不离婚了。"我"腾"地从床上跳起来叫道："真的吗？"母亲含着泪伸开臂膀点头，我兴奋地扑到她怀里，然后父亲将母亲轻轻地抱了起来，他们都哭了，隔着我的头，他们彼此不停地说着："对不起！我爱你！"……

父母没有离婚，母亲也没有去非洲。从那以后，每天早上父亲都要把母亲抱起来，他们紧紧依偎甜蜜地亲吻，他们的感情，历经岁月变迁而与日俱增。当然，我也在暗自庆幸，这10天的拥抱挽救了一个濒临破裂的婚姻。

苹 果

在我生活的这个城市里，发生了这样一桩案子。

一天中午，一个捡破烂的妇女，把捡来的破烂物品送到废品收购站卖掉后，骑着三轮车往回走，经过一条无人的小巷时，从小巷的拐角处，猛地蹿出一个歹徒来。这歹徒手里拿着一把刀，他用刀抵住妇女的胸部，凶狠地命令妇女将身上的钱全部交出来。妇女吓傻了，站在那儿一动不动。

歹徒便开始搜身，他从妇女的衣袋里搜出一个塑料袋，塑料袋里包着一沓钞票。

歹徒拿着那沓钞票，转身就走。这时，那位妇女反应过来，立即扑上前去，劈手夺下了塑料袋。歹徒用刀对着妇女，作势要捅她，威胁她放手。妇女却双手紧紧地攥住盛钱的袋子，死活不松手。

妇女一面死死地护住袋子，一面拼命呼救，呼救声惊动了小巷子里的居民，人们闻声赶来，合力逮住了歹徒。

众人押着歹徒搀着妇女走进了附近的派出所，一位民警接待了他们。审讯时，歹徒对抢劫一事供认不讳。而那位妇女站在那儿直打哆嗦，脸上冷汗直冒。民警便安慰她："你不必害怕。"妇女回答说："我好疼，我的手指被他掰断了。"说着抬起右手，人们这才发现，她右手的食指软绵绵地耷拉着。

宁可手指被掰断也不松手放掉钱袋子，可见这袋钱的数目和分量。民警便打开那包着钞票的塑料袋，顿时，在场的人都惊呆了，那袋子里总共只有8块5毛钱，全是一毛和两毛的零钞。

为8块5毛钱，一个断了手指，一个沦为罪犯，真是太不值得了。一时，小城哗然。

民警迷惘了：是什么力量在支撑着这位妇女，使她能在折断手指的剧疼中仍不放弃这区区的8块5毛钱呢？他决定探个究竟。所以，将妇女送进医院治疗以后，他就尾随在妇女的身后，以期找到问题的答案。

但令人惊讶的是，妇女走出医院大门不久，就在一个水果摊儿上挑起了水果，而且挑得那么认真。她用8块5毛钱买了一个梨子、一个苹果、一个橘子、一个香蕉、一节甘蔗、一枚草莓，凡是水果摊儿上有的水果，她每样都挑一个，直到将8块5毛钱花得一分不剩。

民警吃惊地张大了嘴巴。难道不惜牺牲一根手指才保住的8块5毛钱，竟是为了买一点水果尝尝？

妇女提了一袋子水果，径直出了城，来到郊外的公墓。民警发现，妇女走到一个僻静处，那里有一座新墓。妇女在新墓前伫立良久，脸上似乎还有了欣慰的笑意。而后她将袋子倚着墓碑，喃喃自语："儿啊，妈妈对不起你。妈没本事，没办法治好你的病，竟让你刚13岁就早早地离开了人世。还记得吗？你临去的时候，妈问你最大的心愿是什么，你说：我从来没吃过完好的水果，平时吃的，都是你捡回来的人家扔掉的烂水果，要是能吃一个好水果该多好呀。妈愧对你呀，竟连你最后的愿望都不能满足，为了给你治病，家里已经连买一个水果的钱都没有了。可是，孩子，到昨天，妈妈终于将为给你治病借下的债都还清了。妈今天又挣了8块5毛钱，孩子，妈可以买到水果了，你看，有橘子、有梨、有苹果，还有香蕉……都是好的。都是妈花钱给你买的完好的水果，一点都没烂，妈一个一个仔细挑过的，你吃吧，孩子，你尝尝吧……"

天的
颜色

　　在一个贸易洽谈会上，我作为会务组的工作人员，把一个中年人和一个小伙子送进了他们的住房——本市一家高级酒店的38楼。小伙子俯瞰下面，觉得头有点眩晕，便抬起头来望着蓝天，站在他身边的中年人关切地问，你是不是有点恐高症？

　　小伙子回答说，是有点，可并不害怕。接着他聊起小时候的一桩事："我是山里来的娃子，那里很穷。每到雨季，山洪暴发，一泻而下的洪水淹上了我们放学回家必经的小石桥，老师就一个个送我们回家。走到桥上时，水已没过脚踝，下面是咆哮着的湍流，看着心慌，不敢挪步。这时老师说，你们手扶着栏杆，把头抬起来看着天往前走。这招真灵，心里没有了先前的恐怖，也从此记住了老师的这个办法，在我遇上险境时，只要昂起头，不肯屈服，就能穿越过去。"

　　中年人笑笑，问小伙子："你看我像是寻过死的人吗？"小伙子看着面前这位刚毅果决、令他尊敬的副总裁，一脸的惊异。中年人自个儿说了下去："我原来是个坐机关的，后来弃职做生意，不知是运气不好还是不谙商海的水性，几桩生意都砸了，欠了一屁股的债，债主天天上门讨债，6万多元呵，这在那时可是一笔好大的数字，这辈子怎能还得起。我便想到了死，我选择了深山里的悬崖。我正要走出那一步的时候，耳边突然传来苍老的山歌，我转过身子，远远看见一个采药的老者，他注视着我，我想他是以这种善意的方式打断我轻生的念头。我在边上找了片草地坐着，直到老者离去后，我再走到悬崖边，只见下面是一片黝黑的林涛，这时我倒有点后怕，退后两步，抬头看着天空，希望的亮光在我大脑里一闪，我重新选择了生。回到城市后，我从打工仔做起，一步步走到了现在。"

其实，在我们每个人的一生中，随时都会和他们两位一样碰上湍流与险境，如果我们低下头来，看到的只会是险恶与绝望，在眩晕之中失去了生命的斗志，使自己堕入地狱里。而我们若能抬起头，看到的则是一片辽远的天空，那是一个充满了希望并让我们飞翔的天地，我们便有信心用双手去构筑出一个属于自己的天堂。

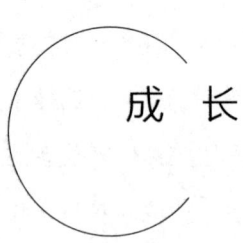

成 长

"拼爹"成为热门词时，我云淡风轻地笑了。

开始在意美的年纪，我总是爱拿着一面小镜子没完没了地照。照得一时开心一时忧心忡忡。开心的是自己长得还算周正，偶尔得瑟地把自己当成琼瑶女主角。忧心忡忡的是一茬一茬的青春痘野火烧不尽，春风吹又生。后来就开始从注重自身的长相到开始注重穿着打扮。

我有个最好的同学叫雨洁，我们俩形影不离。女孩在一起，常常会做比较。雨洁长得是耐看的那种女孩。我想说的是，其实，我比她漂亮那么一点点。但是雨洁的父亲经营着一家饮料厂，她有很多漂亮的衣服。

那阵子刚刚流行穿羽绒服，一件羽绒服一百多块钱，是我坐机关的老爸一个月工资的五分之一。那时也恰逢房改，家里为买房子愁了很久，后来从亲戚朋友那里借了些钱才把房子买下来。也就是说，我要一件红色的羽绒服的愿望是奢望。

好在，班级里大多数同学也都没有羽绒服的。

你知道，很多浅薄的快乐都来自于跟别人的攀比。渐渐长大，你会越来越知道，攀比得来的快乐很短暂，烦恼很漫长。

现在说起来，还让人很不好意思。第一眼看到雨洁穿着件漂亮的红色羽绒服出现在我面前时，简直是五雷轰顶。我不知道少女时代的嫉妒来得会那样猛烈。我只记得一整天，我都闭口不言，就像谁欠了我八百万。

当然，那时我理所应当地认为"罪魁祸首"是父母。他们怎么那么没能耐，怎么那么穷，让我在雨洁面前失了面子呢?但这似乎又是说不出口的，便委委屈屈欲迎还羞地藏在心里。

晚饭时分，感觉那眼泪仿佛就在眼窝里含着，说一说话，它们就会落下来。

老爸最先发现了我的异常。他问我怎么了，我能说什么呢，我还是个要气质想善解人意的姑娘，我总不能说我的不高兴是因为雨洁有了件漂亮的羽绒衣吧?

少年时代的忧伤很容易被一个点牵出一大片来。

那些日子，说世界在我的眼里是黑色的完全不夸张。我甚至觉得生活一点意思都没有。当然，我跟雨洁的友谊也开始变得微妙起来。我不好很明显地疏远她。但跟她走在一起，又觉得是做了陪衬，我是不甘心的。于是就那样时好时坏，若即若离。

雨洁是个心思很细腻的姑娘，她大概也发觉了我的反常。她开始很少穿那件羽绒衣。偶尔有同学问她，她总说："红色的太刺眼了，走到哪儿都跟红灯笼似的!"大家笑，我也跟着笑，笑得极不是滋味。

好在，很快春暖花开了。我内心的翻江倒海逐渐平复了下来。

那阵子我跟一位老师在学扬琴。学扬琴跟现在的很多孩子学古筝一样，是件很古典也很"洋气"的事。轻舒双臂，琴竹在琴弦上跳舞，琴声悠扬清澈地流淌出来。

世俗的烦恼暂时被我扔在一边，一心想打好扬琴。教扬琴的老师把我叫到她的办公室，拿出一个小盒子，上面漂亮的丝带打成一个蝴蝶结，那应该是一个礼物。

她笑眯眯地说："拆开看看!"咱们中国还没有当着人拆礼物的习惯。我笨手笨脚地拆开那小盒子，里面是条夹着金丝的长丝巾。直到今天，我仍然认为那是条我见过的最漂亮的丝巾。金色的，那是多气派的颜色呢。老师站起来，把丝巾在我的脖子上绕来绕去，然后拿了小镜子让我照。照片里的女孩绯红着脸，小心翼翼地问："老师，这是送我的吗?"

当然，那是我那个年代收到的最好的礼物。老师后面的一句话让我欢喜让我忧。让我欢喜的是我可以参加学校的文艺汇演了。想象一下自己坐在扬琴边，下面是黑压压的观众，当然，也包括雨洁，那简直就是……是什么呢?我也说不清，因为我的场景想象被扬琴老师接下来的话打碎，她说："跟你爸妈商量下，最好能做件演出服!"

我的脑海里立刻浮现出电视上打扬琴的人穿着漂亮的白纱

裙飘飘欲仙地坐在扬琴前……可是，可是我只有蓝白相间的运动服。

饭桌上，我默数着碗里的米饭粒。老爸仍是先知先觉者，他问怎么了。用现在流行语说，这一次，我没有hold住，眼泪噼里啪啦往下掉。那眼泪淌进嘴里，又咸又苦。

老爸很紧张，再问一遍怎么了。我说了要表演打扬琴的事。老爸说，这好事啊，哭什么?我几乎是呜咽着把要准备演出服的事说了出来。老爸冲老妈笑了一下：唉，这孩子吓死我了，不就演出服嘛，多大点事儿啊!

你知道雨过天晴出彩虹什么样吗?那一刻，我的心情就是那样。

接下来的日子，老爸几乎是每天都告诉我，闺女，别着急，爸就快挣着一笔钱了。

一笔啊，那是什么概念。我看老妈，老妈的目光飘出去。

几天后，老爸让老妈带我去定做演出服。挑衣服时，老妈告诉我，一向不爱求人的老爸为了能让女儿光鲜亮丽地站在台上，特意找了一位老同学，从他那儿找了个兼职做。老妈说，你爸为你，真是豁出去了。

演出服很漂亮，演出也很成功。但不知道为什么，我总是高兴不起来。我知道老爸跟那位叔叔的关系并不好，若不是为了我，他断不会去求他的。

那之后，长大，也因为钱困窘过，也时常想如果我有个给力的父母我如今会变成什么样。但渐渐地，我终于明白，多少钱也抵不上一份踏踏实实的爱。如今，能陪在他们身边，一起热热乎乎地吃顿饭，一起散散步，这比什么都来得让人快乐。

在卑微处
绽开的花

这是一朵开在卑微深处的花。虽然气势不够张扬，举止不够自信，芳香不够浓郁，却始终是淡雅而悠长，坚韧而持久的。它不因风雨而变色，不因寒暑而凋零，不求掌声赞美，一心只为安静地开放。

她是我认识的最低调的女子。

文字写得好，华丽而大气，温婉而诗意盎然；工作做得风生水起，在单位是部门领导，成绩有目共睹；孩子也教育得十分出色，明理懂事，成绩优秀，刚刚考入重点中学。

可是，她却是少见的低调。总说自己不够聪明，做得不够好，唯有努力。开始我还以为她谦虚，后来发现真的不是，她做事的确有点笨。

除非工作需要，与人交往她轻易不主动开口，开始我还以为她是清高，后来发现，真的不是，因为你若主动去跟她沟通，她会回报以最真挚的友好和热情。在很多不需要她上台说话的时候，她都是安静地坐在那里，或翻看一本书，或在本上写下几行字。

很奇怪这样的女子，于是我怀着好奇心，带点刻意地走近，却很轻易地获得了她真诚的信任，知道了这一切，源于她内心的自卑。

她本来就是一个内向的女孩，少年时代更因为身体残疾，承受了无数异样的目光，把一份自卑深深镌刻于心。后来好不容易才治好了残疾，和别人一样恋爱结婚生子，在平凡的幸福中刚刚积蓄了一点自信，便又有霜雪袭来，刚过而立之年再遭离婚丧父。于是，一个平凡柔弱的女子牵着不谙世事的孩子，行走在原本势利纷繁的红尘间，挣扎着走过无数黑夜苦痛，受尽了无数委屈伤害，还有那些有意无意间的轻视与不屑，让她的自卑变得更加深厚而沉重。

离婚五年，她买房购车，加薪升职，走出生命的低谷，赢得亲人同事朋友的由衷欣赏和钦佩。

可是，那份自卑已经与她如影随形，不可分割了。

她说：因为自卑，所以永远不放弃努力。努力地工作，认真地生活。我用别人逛街看电视的时间读书思考工作，所以才能比别人做得更好。我尽可能地陪伴孩子的每一天成长，所以我的孩子才阳光自信。

她说：因为自卑，所以自省。我知道自己正在做什么，也知道自己能够做什么。所以时时谨慎，事事在心。尽最大的努力，做最坏的打算，始终是我的座右铭。

她说：因为自卑，所以自律。不敢轻易放纵自己，永远珍惜自己的拥有，感谢生活的馈赠，因此能始终安静如水、从容不迫地把握着自己生活的节奏。

听了她的故事，我无限感慨。原来不仅自信能让人美丽充满阳光，那深藏于内心的自卑也可以转化为生命的动力，让人隐忍奋发，催动我们生生不息地去努力，成就一段美好人生。

必须
做英雄

对于檀咪·希尔来说，2002年感恩节是个快乐的日子。她开车载着三个孩子——一岁零八个月的特里莎、四岁的特芳妮和七岁的特杜斯，去她的父母家吃晚饭，那里距她自己家只有半个小时车程。

这是这个家庭破裂之后过的第二个感恩节。檀咪和她的丈夫阿丹斯两年前离婚了，每天晚上八点，孩子们都会准时接到父亲的电话。

那是个星期四，在开车回家的路上，檀咪接到了阿丹斯的电话。她把手机递给了儿子特杜斯。小男孩刚刚说完拜拜，电话又响了。由于够不到特杜斯手上的手机，她解开了安全带。当她靠近儿子的手时，卡车失控了。

"我开进了路旁的沟里，车子弹起了两次。"檀咪回忆道，"幸运的是，孩子们都在后面的车座上。我被甩出车窗，立刻就不省人事了。"

这个夜晚乌云满天，没有月亮，也没有繁星。阿丹斯的孩子们的生活就在这几秒钟内改变了。妈妈不见了。他们呆在一条死寂的马路上的一辆卡车里，风从破了的车窗吹了进来，几乎能把人冻死。他们看不到妈妈，也听不到妈妈的声音——她在离车几米远的地方失去了知觉。特杜斯一下子变成了这个家的家长。

"我们动了动，但是被安全带绑着。"特杜斯回忆说，"我解开了安全带的扣子。我有一些害怕，但是看到惊慌的妹妹们，我又不是特别害怕了。"

特杜斯小心地拉过毯子，盖在两个小妹妹身上，并告诉她们他得出去求救。他从破了的车窗爬出去找妈妈，可是在一团漆黑里，他什么也看不见，而在离公路几里远的地方，他看到了奶牛场的灯光。

"特杜斯其实很怕黑，"檀咪讲起了自己的儿子，"每天晚上睡觉的时候，他总是让卧室亮着灯。我很惊讶他会勇敢地爬出卡车。"

"天冷极了。"特杜斯说。那天的天气报道说结了冰，但是他仍然爬了出去。

"他钻过三重篱笆，包括一道电网。"他的妈妈说，"他被划破了耳朵和脸蛋。"

大约20分钟后，特杜斯到达了奶牛场，在一所房子前面停了下来，那是一所移民工人的房子。他们立刻意识到这个小男孩有苦衷。但是他们都不会说英语，无法和他交流。其中一个人立刻跑去找来了翻译。

那个工人很快带来了一个既会英语又会西班牙语的邻居。那个人马上拨打911，并带着特杜斯回到了事故现场。

彼得是第一个赶来的警察。"特杜斯太令人吃惊了，"他说，"在这么一场事故之后，他还能准确地告诉我他的妹妹们的生日，和两三个亲戚的电话号码。我知道他被吓坏了，因为他走到奶牛场对大人们讲话的时候声音都是颤抖的，但这个孩子真是令人难以置信，他给了我所有需要的信息。"

救护车迅速把檀咪送到医院，医生说如果晚来一刻钟的话，檀咪就可能失血过多没命了。檀咪一直昏迷了三天，当她苏醒过来后，全美的报纸和电视都对特杜斯在那样危急的关头救了全家的事迹进行了报道。

美国著名脱口秀节目把檀咪一家邀请了过去，在节目上特别采访了七岁的小男孩特杜斯，女主持人奥普拉·温弗莉问特杜斯："听你妈妈说，平时你是很怕黑的。天气那么寒冷，妈妈不见了，是什么力量让你跑了几里路找来救兵的？难道你不害怕吗？"小特杜斯脸红红的，略带羞涩地说："是的，我当时很害怕，可是我必须做英雄。妈妈不见了，我就应该是两个妹妹的英雄，我必须救她们，救我们的妈妈。我希望我们一家人能够永远快快乐乐地生活在一起……"特杜斯的话一说完，节目现场响起热烈的掌声，主持人奥普拉也颇为激动地说："是的，当我们面对危险的时候，我们都应该成为自己的英雄。"

04

上帝创造了
一群鱼

我有力量
去帮助别人

幸福的生活有三个不可缺的因素：一是有希望。二是有事做。三是能爱人。

有希望：

亚历山大大帝有一次大送礼，表示他的慷慨。他给了甲一大笔钱，给了乙一个省份，给了丙一个高官。他的朋友听到这件事后，对他说：你要是一直这样做下去，会一贫如洗。亚历山大回答说：我哪里会一贫如洗，我为自己留下的是一份最伟大的礼物——希望。

一个人要是只生活在回忆中，失去了希望，他的生命已经开始终结。回忆不能鼓舞我们有力地生活下去，回忆只能让我们逃避，好像囚犯逃出监狱。

有事做：

一个英国老妇人，在她身患重病自知时日不多的时候，写下了如下的诗句：

现在别怜悯我，永远也别怜悯我；

我将不再工作，永远永远不再工作。

很多人都有过失业或者没事做的时候，这时会觉得日子过得很慢，生活十分空虚。有过这种经验的人都会知道，有事做不是不幸，而是一种幸福。

能爱人：

诗人白朗宁曾写道：他望了她一眼，她对他回眸一笑，生命突然复苏。

生命中有了爱，我们就会变得谦卑、有生气，新的希望油然而生，仿佛有千百件事等着去完成。有了爱，生命就有了春天，世界也变得万紫千红。

最美的祷告应该是：主啊，求你让我有力量去帮助别人！

没心没肺
的快乐

在银行门口，遇到一个人，总觉得面熟。出来又看到他靠在一辆丰田车上抽烟，还是觉得面熟，便试探着问。他说，是我呀，我也觉得你面熟，不敢叫你。

他是我以前的一位同事，但我五年前辞职出来，就不知道他的境况了。交谈了几分钟，我知道他自己办了一家包装厂，生意不好不坏，就是累。他天天为钱奔波，不知何时是个尽头，说完他一声叹息。

他发动了车子，开了空调，让我坐到车里来谈，坐进车里，他还是喋喋不休地说钱难赚，人难做，压力大，无乐趣。但我只对他的车感兴趣，这车是最新款的，我就在遐想要是我开上这辆车，那真是一件享受的事情啊。

他从办厂不易，聊到了自己的健康已每况愈下，一想到自己的身体，他就整夜整夜睡不好觉。

就这样聊了半个小时后，我骑着电瓶自行车在烈日下回家，他开着他锃亮的小车回家。

走进家门，一想到他的忧郁，我心里就觉得空落落的。因为一个有车有房有事业，在社会上有头有脸的人，在为自己的将来想得茶饭不思，而我这样一个只求温饱，养家糊口的人，却还在没心没肺地快乐，这是多么的不可思议。

事实上，我没有权利忧郁。要生存，要养家，除了必要的休息，我必须努力工作，挺得住，有饭吃，挺不住，就歇菜。就像一个爬在悬崖上的人，你只有拼命往上爬，才有可能活下来，哪有可能悬在半空中后，停下来忧郁一把呢。

忧郁是一种高级情感，并不是一般人所能享受的。一个人有时间忧郁了，那我就要祝福他了。

永远的爱

　　我进中学那年就开始盼望独立，甚至跟母亲提出要在大房间中隔出一方天地，安个门，并在门上贴一张"闲人免进"的纸条。不用说，母亲坚决不同意，她最有力的话就是：我们是一家人。

　　当时，我在学校的交际圈不小，有位姓毛的圈内女生是个孤女，借居在婶婶家，但不在那儿搭伙，每月拿一笔救济金自己安排。我看她的那种单身生活很洒脱，常在小吃店买吃的，最主要的是有一种自己做主的豪气，这正是我最向往的。

　　也许我叙说这一切时的表情刺痛了母亲的心，她怪我身在福中不知福。我说，为何不让我试试呢？见母亲摇头，我很伤心，干脆静坐示威，饿了一顿。母亲那时对我怀了一种复杂的情感，她认为我有叛逆倾向，所以也硬下心肠，准备让我碰壁，然后回心转意当个好女儿。当晚，母亲改变初衷，答应让我分伙一个月。我把母亲给我的钱分成30份，有了这个朴素的分配，我想就不会沦为挨饿者。

　　刚开始那几天，我感觉好极了，买些面包、红肠独自吃着，进餐时还铺上餐巾，捧一本书，就像一个独立的女孩。家人在饭桌上吃饭，不时地看我。而且有了好菜，母亲也邀我去尝尝，但我一概婉拒。倒不是不领情，而是怕退一步，就会前功尽弃。

我还和姓毛的孤女一起去小吃店，对面而坐。虽吃些简单的面食，但周围都是大人，所以感觉到能和成年人平起平坐，心里还是充满那种自由的快乐。

这样当了半个来月单身贵族后，我忽然发现自己与家人没什么关系了。过去大家总在饭桌上说笑，现在，这些欢乐消失了，我仿佛只是个寄宿者。有时，我踏进家门，发现家人在饭桌上面面相觑，心里就会愣一愣，仿佛被抛弃了。

天气忽然冷下来，毛姓孤女患了重感冒，我也传染上了，头昏脑涨，牙还疼个没完没了，出了校门就奔回家。

家人正在灯下聚首，饭桌上是热气腾腾的排骨汤。母亲并不知道我还饿着，只顾忙碌着。这时候，我的泪水掉下来，深深地感觉到与亲人有隔阂、怄气，是何等凄楚。我翻着书，把书竖起来挡住家人的视线，咬着牙，悄悄地吞食书包里那块隔夜的硬面包，心想：无论如何得挨过这一个月。

可惜，事与愿违，因为一件特殊的事，离一个月还剩3天，我身无分文了。我想问那孤女朋友借，但她因为饥一顿、饱一顿，胃出了毛病，都没来学校。我只能向母亲开口借3天伙食费。可她对这一切保持沉默，只顾冷冷地看我。

被母亲拒绝是个周末。早晨我就断了炊，喝了点开水，中午时，感觉双膝发软。那时的周末，上午就放假了，我没有理由不回家，因为在街上闻到食物的香味，更觉得饥肠辘辘。推开房门，不由大吃一惊，母亲没去上班，正一碗一碗地往桌上端菜，家里香气四溢，仿佛要宴请什么贵宾。

母亲在我以往坐的位置上放了一副筷子，示意我可以坐到桌边吃饭。我犹豫着，感觉到这样一来就成了可笑的话柄。母亲没有强拉，悄悄递给我一个面包，说："你不愿意破例，就吃面包吧，只是别饿坏了。"

我接过面包，手无力地颤抖着，心里涌动着一种酸楚的感觉，不由想起母亲常说我们是一家人。那句话刻骨铭心，永世难忘。

事后我才知道，母亲那天没心思上班，请假在家，要帮助她的孩子走出困境。

当晚，一家人又在灯下共进晚餐，与亲人同心同德，就如沐浴在阳光下，松弛而又温暖。

如今，我早已真正另立门户，可时常会走很远的路回到母亲身边，一家人围坐在灯下吃一顿饭，饭菜虽朴素但心中充满温情。就因为我们是一家人，是一家人！

人长大后都是要独立的，可家和家人却是永远的大后方，永远的爱和永远的归宿。

父爱
是那么不同

如果有人认为小女孩温柔娇嫩，甜蜜可爱，那是因为他自己没有女儿。

我有5个，包括一对孪生姐妹。她们有时惹我生气，却从来不曾忘记我的生日，但也从来不记得把马桶座圈掀起。

我本来无意写这篇女儿颂，直到后来有一天早晨，我那6个月大的女儿哭着要我抱。这可不得了，是不是?

当然是! 尤其当时她还是妈妈抱着。女儿的这种行为大大伤害了妻的母亲尊严，不过后来她想起有些儿童专家说过，婴儿要爸爸是因为她想玩。

我的太太，那是胡说啦! 孩子要我，是因为她知道她是女儿，我是她爸爸。

在她那只能以月而非以年计算的年纪，她不会有足够的人际接触和时间让她辨识谁会帮她做什么。所以这也许是小女婴的先天本能。

我认为男女两性之间，除去生理差异外，一定还有别的不同。

举例来说，儿子也有泪管，女儿有的却似乎是水渠。至少，女儿的泪水好像特别多。泪水，泪水，不知有多少泪水，直教你担心女儿会就那样在眼前缺水干枯。但是，这种水可以随时开关，收发自如。女人有这种本领，却很少当水管匠，真是怪事。

女儿的眼睛又似乎是两个小球，不停地在眼窝里转。她们眼眉的肌肉也协调得特别好。

女儿和大象一样，记忆力极强。她们装作没有听见，却记得你的每一句话。对女儿的诺言是极重要的口头合约，爸爸如果忘记他的诺言，那就糟糕！

我是在50年代长大的，那时妈妈围着旧式的围裙，使用直立式吸尘机。子女放学回家，她分给他们饼干牛奶吃。晚饭后，她在厨房里洗碗碟，爸爸和儿子们到外面打球，一同做男人的事。妈妈是操纵其他厨房工具的另一件厨房工具。我父亲做个花生酱三明治也不会，一定要妈妈服侍。在那个未开明的时代，"大男人主义"一词的意义，只有上帝和文学教授知道。

因此，我和其他男人一样，自己是个长大了的男孩，一心只想着怎样教养男孩子。打球，放爆竹，打拳，打猎，钓鱼。总之是做些出汗的事情，反正男孩子就喜欢满身大汗，他们从来不知道袜子有多臭。那么，一个喜欢运动的爸爸怎样教养女儿呢?买足球运动用的护膝给她们吗?不，他要教她们打高尔夫球，游泳之类一辈子都可以做的运动。

爸爸还应该教女儿做什么呢?他不用教她们照镜子，也不用教她们穿衣服。一个小女孩自会看得出爸爸一只脚上的袜子是棕色，另一只脚的袜子是黑色。儿子却只能看出爸爸少了一只脚。我认为爸爸最需要做的，是教导女儿将来想做怎样的人，便一定能做怎样的人。

女儿们很早就有社交常识。我一个女儿在2岁时对我说："爸爸，你没有衣裙，你是男孩子。"她的口吻满含宽恕，像是在说："爸爸，你没有办法。"

另一个女儿说："爸爸比妈妈有趣，但是他不如妈妈整齐清洁。"

她的孪生妹妹说："妈妈天天发脾气。你大概一星期发一次，可是你发脾气时，真的是大发脾气。"

我的一个同事有两个念大学的女儿。有年夏季，他的两个女儿都回家来。那时他的眼睛有毛病，不能开车，也不能看书，这两个自告奋勇的护士照料他无微不至。过了一阵子，这个独立成性的人有点受不了她们的好意看护，说他希望她们照管自己的钱能像照管他那样周到。她们听后马上哭了起来。他对我说："两个女儿一个就要做医生，一个就要做律师了，但只要我向她们皱皱眉头，她们就哭。"他有个成年的儿子，很少和他通消息。他说："终究是女儿好，值得忍受这些麻烦。她们似乎自然就懂得怎样去爱人，不需勉强着力。"

我的大女儿刚升读我任教的那所中学时，时常带新结交的朋友到我的办公室来，拿我向她朋友炫示。至少我想是那个原因。我很难想象儿子会在他的朋友面前做这种事，十几岁的儿子如果有爸爸在他的学校教书，会觉得挺难为情的。

但是，为什么我们做爸爸的会生怕女儿长大成人呢?那是因为自私。在她的生命中，将有比我更重要的男人。把咯咯发笑的女儿抬在肩头，送她上床睡觉的年月，实在太少；用蜡笔画的儿童画的颜色褪得太快；晚间携手散步的时间也太短了。和爸爸玩拼字版游戏，怎能和校队队长的约会相比?

我只希望我女儿没有那种以灰姑娘自居的情结，以为自会有完美的意中人出现，一生无忧无虑，永远快乐。只要她们能够爱男人而不完全依赖男人，我就认为我这个做父亲的很成功。世界上没有任何人比一个坚强而温柔的女人更美。

当然，只有年幼的女儿除外。

上帝创造了一群鱼

上帝造了一群鱼。

这些鱼种类多样，大小各异。为了让它们具有生存的本领，上帝把它们身体做成流线型，而且十分光滑，这样游动起来可以大大减少水的阻力。上帝使每种鱼拥有短而有力的鳍，使鱼在大海中自由自在地游动。

待上帝把这些鱼放到大海中的时候，忽然想起一个问题，鱼的身体比重大于水，这样，鱼一旦停下来，它就会向海底沉下去，沉到一定深度，就会被水的压力压死。于是，上帝赶紧找到这些鱼，又给它们一个法宝，那就是鱼鳔。鱼鳔是一个可以自己控制的气囊，鱼可以用增大缩小气囊的办法，来调节沉浮。这样，鱼在海里就轻松多了，有了气囊，它不但随意沉浮，还可以停在某地来休息，鱼鳔对于鱼来讲，实在是太有用了。

出乎上帝意料的是，他没有找到鲨鱼，鲨鱼是个调皮的家伙，它一入海，便消失得无影无踪，上帝费了好大的劲也没有找到它。上帝想，这也许是天意吧。既然找不到鲨鱼，那么只好由它去吧。上帝想，这对于鲨鱼来讲实在是太不公平了，它会由于缺少鳔，可能很快就会沦为海洋中的弱者，最后被淘汰。为此，上帝感到很悲伤。

亿万年之后，上帝想起来它放到海中的那群鱼，想看看那些鱼现在到底如何？他尤其想知道，当初没有鱼鳔的鲨鱼如今怎么样了，是否已经被别的鱼吃光了。

当他将海里的鱼家族都找来的时候，它已经分不清哪些是当初的大鱼小鱼，白鱼黑鱼了。因为，经过亿万年的变化，所有的鱼都变了模样，连当初的影子都找不到了。

面对千姿百态，大大小小的鱼，上帝问："谁是当初的鲨鱼？"这时，一群威猛强壮、神气飞扬的鱼游上前来，它们就是海中的霸王——鲨鱼。上帝十分惊讶，心想，这怎么可能呢？当初，只有鲨鱼没有鱼鳔，它要比别的鱼多承担多少压力和风险啊？可现在看来，鲨鱼无疑是鱼类中的佼佼者，这到底是怎么回事呢？百思不得其解。

鲨鱼说："我们没有鱼鳔，就无时无刻不面对压力。因为没有鱼鳔，我们就一刻也不能停止游动，否则我们就会沉入海底，死无葬身之地。所以，亿万年来，我们从未停止过游动，没有停止过抗争，游动抗争成了我们的生存方式，因此，我们自然练就了最强壮的躯体。正是因为没有鱼鳔，我们才成了海中的霸王。"

听了这些话，上帝才恍然大悟。

我会一直
这么好

　　小时候，我认为父亲是世界上最吝啬、最小气的人。我敢肯定他根本不想让我拥有那辆梦寐以求的自行车。

　　在许多事情上，父亲和我的看法不一致。我们又怎么可能一致呢？我是个10岁的小流浪儿，最大的幸福就是想出办法来让自己少工作一些，好有时间去我家附近的黄石公园狂玩一阵。而父亲是个工作努力、任劳任怨的人。在我梦寐以求的自行车出现在马克·法克斯的商店之前，父亲和我已经在柴房里就我兜售报纸的方式理论过几次了。

　　我卖报赚的钱，一半交给母亲，用于添置衣服；四分之一存入银行，以备将来之用；只有剩下的四分之一才归我支配。所以，我只有多卖报，手里的钱才会多起来。于是，我不断努力提高我的销售份额。我的办法是：在推销时，竭力唤起别人的同情心。比如，夏季的一天，我在黄石操场高声喊着："卖报，卖《蒙大拿标准报》，有谁愿意从我这个苦命的长着斗鸡眼的孤儿手里买份报纸？！"恰巧那时，父亲从一个朋友的帐篷里出来。他把我押回家，我们进了柴房，他把给我的报酬从四分之一削减到八分之一。

两星期后，我的收入又下降了。我的朋友杰姆进门时，我正和家人吃饭。他把一堆硬币放在桌上，并要我给他报酬，即5分镍币。我难为情地给了他。我用5分钱骗他替我卖报纸，这样，我就有空去养殖场看鱼玩。父亲立即看穿了我的"把戏"，然后，在柴房里，父亲铁青着脸说："儿子，你应该知道，杰姆是我老板的儿子。"我的收入缩减到十六分之一。

说来惭愧，没过多久，情况变得更糟了。因为父亲注意到我时不时地吃蛋卷冰激凌，而这应该是我缩减了的收入所不能承受的。

后来，他发现我收集别人丢弃的报纸，剪下标题，寄给出版商，作为报没卖出的证明。然后，出版商补偿了我。因为这个，父亲把我的收入削减到了三十二分之一。很快，我差不多是分文不进了。

身无分文并没让我很苦恼，直到有一天，当我在法克斯商店闲逛时，一辆红色的自行车闯入我的眼帘，就再也从我的眼前挥之不去了。我觉得它是世界上最漂亮的车。它激起我最奢侈的白日梦：我梦见自己骑着它越过山坡，绕过波光粼粼的湖泊、小溪，最后，疲惫而快乐的我，躺在长满野花的僻静的草地上，把自行车紧紧抱着，紧贴在胸口。

我走到正在修理汽车的父亲身边。

"要我做什么吗，爸爸？"

"不，儿子。谢谢。"我站在那儿，看着地面，开始用靴尖刮地，把车道都快刮干净了。

"爸爸？"

"哦？"

"爸爸，今年你和妈妈不必送我圣诞节礼物了。今后20年也不用送了。"

"儿子，我知道你很喜欢那辆自行车。可是，咱们买不起啊！"

"我会把钱还你的，加倍还！"

"儿子，你在工作，你可以存钱买它啊！"

"可是爸爸，你总是要拿走一部分去买衣服。"

"杰克，关于那一点，我们早已谈妥了。你知道，我们都应该尽自己的力。来，坐下来，让我们想想办法。如果你一个月少看两场电影，少吃三个蛋卷冰激凌，少吃两袋玉米花。如果你不去买弹子玩……噢，这个夏天，你就能存3美元了。"

"可爸爸，买自行车需要20美元。那样节省，我仍然差17美元。照那样的速度，还没买到车我就老了。"

父亲忍不住笑了："儿子，我可不这样想。""有什么好笑的。"我咕哝道。这么严肃的事，他居然会笑，我简直气坏了。我转过身，背对着他。突然，一个奇怪的念头在我脑海里一闪，也许我真的能做一些我以为不可能的事。

就把它当成是一次挑战吧！被父亲的强硬路线所激怒，受那份对自行车的挚爱感情驱使，我开始不辞辛苦地工作、攒钱。我拼命地卖报，不看电影，不买玉米花、冰激凌。30分，65分，1美元，1美元50分。我一分一分地攒，努力不去想离20美元还有多遥远。然后，一件意想不到的事发生了。乔飞先生——父亲的一个朋友——公园管理员叫我到他那儿去。

"杰克，"他说，"这段时间，我需要一个送信员，报酬是六星期13美元。你要这份工作吗？"

我要不要？简直是求之不得呢！父亲说，因为报酬高，我只需要交一半给家里就行。夏天结束时，我已攒了11美元。

但紧接着又到了萧条期。我回到学校，1角钱、5分钱甚至1分钱也挣不到。最后，圣诞节期间，我通过帮助运送松树、云杉给银行、商店以及那些不想自己砍树的人家，挣了2美元。

还差7美元。这时，我的一个朋友病了，要我替他工作，送《企业报》。我一星期挣1美元，清晨4点起床，叠报纸，在凛冽的寒风里走5英里。天气刚好转一些，我的朋友又回来工作。我有19美元了。

只差1美元了，我认为已经竭尽所能。所以，我走到父亲面前："爸爸，求你给我1美元吧！"

但我很快意识到，求他就像求太阳从西方升起一样。父亲说："你是在要求施舍，杰克。我的儿子是不会请求施舍的！"

我几乎想带着那19美元离家出走，或者，从树上跳下来。如果我摔断了腿，父亲怎么想呢？沮丧之极，我闲逛到法克斯的商店，想去看一眼我心爱的自行车。可我到那儿时，车却没在橱窗里。天哪，不要这样！我想，它已经被卖出去了。我冲进店里，看见法克斯正推着我的车往后面的储藏室走。"法克斯先生，"我哭叫道，"这自行车，你没有卖它，对吧？"

　　"没有，杰克，没有卖。它放在橱窗里已经很久了，没人买它。我只是想把它放在墙边，把价格降为18美元。"

　　那时，航空火箭还没发明出来，而我却像火箭一样，一下子射到了法克斯先生的臂弯里。我骨瘦如柴的手臂和腿紧紧地缠绕着他，热烈地拥抱着他，差点让这位老先生窒息了。

　　"别让任何别的人买这车，我要买。等我一会儿！"

　　"别担心，"法克斯先生喘着气，微笑着说，"它是你的。"

　　我跑上街道，离家还有一排房屋时，就开始喊叫："妈妈，把钱拿出来，把19美元拿出来！"我一路小跑，又叫了一声："快一点，妈妈！把钱拿出来！"我飞也似的回到商店，把钱放在柜台上。"我还多出1美元来。那个行李架，还有那个篮子多少钱，法克斯先生？"

　　"杰克，你可以用1美元买它们两样。"

　　几分钟后，我出了商店。

　　我骑着车，向我看见的每一个人挥手，叫嚷："喂！快看我的新车！"

"我自己买的！"到了家，我跑进院子里，差点撞倒了父亲。

"爸爸，看我的新车！它是最棒的！它跑起来像风一样快。噢，谢谢你！爸爸，谢谢！"

"不用谢我，儿子。你不必感谢我，我什么也没做。"

"可是我是那么幸福、快乐！"

"你感觉幸福是因为你应该得到这种幸福。"

喜悦之中，我的眼前模糊了。但在一瞬间，我认真地看了一眼父亲，我看出他也很快乐，甚至有些为我骄傲。我看到了他眼中的爱意，那种对儿子长大成人的爱。

这么多年来，那满是爱意的目光一直留在我心中。这些年来，我悟出了父亲所给予我的最大快乐，那就是让我明白——我能行！

这一切，
就让上天见证吧

那年，我随援藏医疗队进入藏北地区，为散居在高原上的游牧藏民提供医疗服务。6月的一天，队里派我和一个同伴去最偏僻的木孜塔格山，为几十户藏民注射疫苗。由于同伴身体不适，我带上两天的食品，骑上赞达独自一人上路了。

赞达是头6岁大的牦牛，我骑它已有几个月。牦牛号称"高原之车"、"冰河之舟"，是青藏高原传统的交通工具，能背负重担在极度缺氧的冰天雪地长途跋涉。我曾跟朋友们夸耀："只要骑着赞达，青藏高原没我不敢去的地方！"

遗憾的是，那几天气温偏高，高原的冻土融化，地面开始翻浆，路有些难走。赞达不怕冷但怕热，这泥泞的路面使它相当狼狈。两天过去我们只走了一半的路。在无人区的腹地，我断炊了。晚上露营时不幸着凉，得了感冒。

那天早上，我又累又饿，脑袋像戴了紧箍咒，实在没有力气爬起来。赞达在附近转悠着找吃的。大概10点多钟，我看到天空中飘过来一个黑影，是一只胡兀鹫！它两翼伸展，足有3米多长，身子也有一米多长，模样相当吓人！它在低空盘旋一会儿飞走了。20分钟后，又引来十几只胡兀鹫，"嘎嘎"叫了几声后便降落到了地上，慢慢向我靠拢。它们要干什么？我匪夷所思。从那冷酷贪婪的目光中我蓦然明白，它们是冲我来的！我当即惊出一身冷汗，挣扎着欠起了身子，喘着粗气喊："滚开！我是个活人，不是尸体，快滚开！"

胡兀鹫受惊退了几步，但并没飞走。这是在无人区，它们可不怕人。尤其看出我极度虚弱，根本没有反抗能力，很快它们又"嘎嘎"怪叫着逼了上来！

我简直快要吓疯了！双手摸索着想找件武器，可地上除了烂泥什么也没有。我只能用毛毯裹住身子。一只胡兀鹫按捺不住，跳起来一下就把毛毯扯了个口子。其余的胡兀鹫也争先恐后胡抓乱啄一气，把我的毛毯撕得稀巴烂。因为大腿被抓破了，我不禁恐怖地高声尖叫："赞达，你在哪里？快来救我！"

喊声未落，我猛觉身后蹄声隆隆！一定是赞达！它发现险情，狂奔着过来救我了。本来它离我不远，大概昨晚为保护我太累了，刚刚打了个盹儿。它的来势猛烈无比，裹挟着一股劲风！

胡兀鹫们纷纷狂叫着扑腾起来。赞达庞大的身躯立马在我头上越了过去。几只未及飞起的胡兀鹫被撞倒了。我的心底涌起一股暖流，这回有救了！

已闻到血腥味的饥肠辘辘的胡兀鹫岂肯放过嘴边的美食？在半空盘旋了一阵后，又试探着向我冲击了。赞达不停地在我四周和上方跳跃着，拦挡着。

眼看无法取胜，胡兀鹫一起飞向高空，呼唤同伴来增援。

趁这个机会，赞达用嘴拖着我向前疾走——此刻我已没有一丝力气爬上它脊背——来到几十米外一个洞穴边。那是棕熊冬眠留下来的，现在是空的，完全可以容我藏身。赞达小心地将我放下去，它的举动让我感动得几乎掉下泪来。赞达没敢久留，转身往回飞跑。片刻间几十只胡兀鹫黑压压地从天而降。我趴在洞边眺望，惊得目瞪口呆！它们恨透了赞达，立即发起凶猛的攻击！为了不暴露我，赞达四蹄腾跃，拼命向前狂奔！残忍的胡兀鹫在它身上狠狠抓扯着，抓出了一些血口子。幸亏它的皮很厚很硬，否则早皮开肉绽了。

赞达跑出了足有200多米，才停下来。这时，胡兀鹫已像吸血鬼一样落满了它全身。赞达好像已无牵挂，气吞山河般忠心耿耿叫了一声，猛烈地扭动身子，力图摆脱胡兀鹫，可效果甚微。我远远地望着，心急如焚。

赞达并没有气馁，稍作停顿后，它突然侧身摔在地上，并接连翻滚起来，这下它身上的胡兀鹫可吃不消了，被整治得狼狈不堪尖叫成一团。见这一招奏效，赞达索性不再起来，就躺在地上，不时翻滚几下。

望着苦斗的赞达，我心潮澎湃，不能自已。它的确是太忠勇了！

若说我对赞达有什么恩情的话，就是有一次它得了一种怪病，差点送了命。几乎看不到希望的情况下，我和医生坚持给它治疗，最后它竟奇迹般痊愈了。可我没想到，在这生死攸关的时刻，赞达能如此舍生忘死地救护我！

胡兀鹫没有善罢甘休，对赞达变本加厉地攻击，赞达发出了撕心裂肺地惨叫！我一下子急火攻心，顿觉天旋地转，昏厥过去……

慢慢地我苏醒了，忍着疼痛一瘸一拐地走到远处一副血淋淋的牦牛骨架旁。回想几个小时前发生的一切，我再也忍不住放声大哭起来！

此后的岁月里，每每回顾起无人区的遭遇，我常常陷入沉思。在艰难的人生之旅中，我们能有幸遇到几个如同赞达这样忠勇的朋友？今天的我已经知道，如果我真的有两条命，我决计把余下的那条命好好保留，奉献给家人和朋友，直到天长地久。这一切，就让上天见证吧。

终于
战胜了对手

一向一帆风顺的皮特，在生意上第一次遭受了巨大的挫折与失败。皮特心灰意冷，整天待在家里闷闷不乐。

7岁的儿子普里特放学回来，兴高采烈地向皮特大声宣布："爸，我有个好消息向您宣布！"

"是吗？普里特。"漫不经心地问答。

聪明的普里特看出了皮特的不快，问道："哦，爸爸，您为什么总不高兴？是打球输了吗？"

普里特刚刚加入学校乒乓球业余培训班，对乒乓球非常感兴趣。皮特回答他说："差不多，我输给了对手。"

"那有什么了不起！"普里特说，"我刚进业余班那阵，连球拍都不会握，可我盯住了班上的冠军，非要跟他拼拼不可。每天训练一完，我就找他挑战，当然我从来没赢过，心情非常沮丧，所以我非常同情您，爸爸，您的对手是冠军吗？"

"那不见得！"皮特答道。

"哇！"普里特叫了起来，"连冠军都不是，那就更不应该输给他。您知道我是如何战胜冠军的吗？"

"如何？"

"我给自己打气，经过一段时间准备后，我又去向骄傲的冠军挑战，果然，第一局我又输了。"

"第二局呢？"

"也输了。"

"那你真的又输了。"

"可是，爸爸，第三局我赢了他。"

"可你，最终还是输给了他。"

"不，爸爸。"普里特自豪地说："记住，第三局我赢了他，我终于打败了他一回。爸爸，您失败了几次？"

"一次！"

"爸，您真笨，才一局您就认输了，您应该来五盘三胜制，彻底打败对手。"

"五盘三胜制？这主意真好！"皮特豁然开朗，心情也好多了，便问普里特："你刚进门时说有好消息告诉我，是什么好消息？"

普里特认真地答道："就是在第三局我终于战胜了对手呀！"

老姜的
大智慧

每次见到老姜，都会觉得他和别人不一样。

比如去他家吃饭。如果我说，你别客气，随便做几个菜就行，我这两天减肥呢。果然，上他家餐桌一看，一定就是四个菜，四个人吃刚刚够，倒也挺符合节约原则的。

要是下次我说，我去你家，你做点好吃的呀。不用说，到时候他家饭桌上的食物堆得准保摆不下。我们走了，估计剩菜要老姜两口子再吃三五天。

他妻子还告诉我一件事。有次老姜跟人约好八点在广场书店门口等。到九点了，那人也没来。老姜倒还在那里等。妻子给他打电话说，人家准是不来了。老姜说，人家要不来，会给电话。没电话来，就说明他会到。

等了一上午，一个人影也没有。到晚上那人打电话来解释，说是白天忘了，明天老地点见吧。

他也不抱怨不生气。第二天又去。

老姜妻子边讲边咬牙，说，这个人太实心眼了。

我听得笑起来，对她说，原来你们老姜是个晒蜡僧呀。

晒蜡僧是近代中国佛教界里的一个不起眼僧人的绰号，但他的本名或法名叫什么，我并不知道。

晒蜡僧是个寺院香灯师，负责给大殿里的佛像上香和点灯。他自小天性驽钝，实诚，人说什么听什么。有天正逢"六月六"，是翻晒衣物和书籍的好日子，寺院里的其他僧人们想逗逗他，就说，我们都晒东西了，你负责看管的那些蜡烛也拿出来晒一晒才行啊。

真的吗？晒蜡僧在一旁问。

当然了。

于是他兴冲冲地把那些香烛，一趟趟地搬到了大太阳底下。

蜡烛哪里经得起烈日的直接晒烤。还不到晚上，它们就化成了一摊摊不成形的蜡泥蜡饼了。老方丈把晒蜡僧叫到身边，说，蜡烛怎么变成这样了？

晒蜡僧理直气壮地说，六月六就是要晒东西的啊。师兄们也说了，蜡烛也要晒。

晒蜡僧的绰号就由此而来。

我还没讲完，只见老姜妻子就点起头来，说，像，老姜就是像晒蜡僧一样。

那晒蜡僧后来呢？她又问。

寺院里的人见晒蜡僧竟然什么都相信，有心要再逗逗他。就说，你的悟性太高，这里已经不能够再教你了。听说有一个名叫谛闲的老法师，是当代高僧，你不妨去拜他为师。

晒蜡僧信了。他果然跑到谛闲的寺庙去，对接待的知客师傅说，人家都说依我的悟性，现在只有谛闲法师能教。我要见法师。

知客师一听就知道这是个愚钝之人，只是因为谛闲法师平时嘱咐过，无论聪慧还是愚钝，都要一视同仁。他们便有些哭笑不得地把他安顿下来，安排他在寺院伙房做洗菜的事。

谛闲法师听了这整件事情经过后，心知晒蜡僧并不是狂妄或自大，他只是完全地相信了别人的话而已。他就有空也给晒蜡僧讲讲经。

晒蜡僧虽然愚笨到有时一句经竟然要三四天才记得住。但他有个可贵之处是坚持。一句经要三四天，一本经有时就要一年。但他并不觉得苦恼或自卑，他只是听、记、悟，一下一下，一点不急不躁。

十数年过去，晒蜡僧已学有所成了。当谛闲法师不得空的时候，他竟然也可以代替谛闲法师给别人讲经。只不过他和别的讲经师不同，别人讲完了就歇，他讲完了，脱下袈裟，换回旧衣服又继续去洗菜。

旁边有人说，你现在是讲经师傅了，可以不洗菜了。

经要讲，菜也还是要洗的，他说。半句怨言或不满都没有。

有天，在讲经台上，下面的人发现，晒蜡僧静静地圆寂了，面相如睡，一丝不安和痛苦也没有。

　　故事讲完了，老姜妻子沉默了很久。看来她是像我一样，被晒蜡僧这样的人打动了。

　　生活在现代社会的我们，已经很难见到一个人的一生，可以如此地安静、实诚，不疑、不欺。而且在我看来，无论僧俗，都是最完美的境界了。

　　机巧的人，总是可以得到更多的看得见的好处。世人与艳羡的，也总是锦上添花。这正是世界越来越物质主义的原因之一吧。

　　而那笨拙的人，他没有太高等的智商，这使他常常都贫穷，卑下，在人际关系里也总是处于下风。但他对于世界和周围的一切，都是天赋的信与望。没有阴影，没有心机，因而像天心月满之时的景象，空静无瑕。

　　他反而是获得了大的智慧。

诚信
为本

　　这是5年前的事儿了。那时，大哥刚刚下岗，在县城的一个十字路口，租了一间铁皮小屋，卖些烟酒之类。

　　一天黄昏，一位中年汉子走到大哥的铁屋前。汉子放下手中沉甸甸的编织袋，从口袋里摸索出五毛钱，买了一包劣质的香烟，汉子抽出一支烟，点上，然后和大哥寒暄起来。从谈话中，大哥了解到，汉子就是我们县的人，刚刚从外地打工回来。汉子说，他的家距离县城还有二十几里的土路，汉子很犹豫地提出，能不能从大哥那里借一辆自行车，因为他已经坐了一晚上和一整天的车了。大哥看看夜幕已经降临，又打量着眼前这位陌生的民工，最后还是把他那辆"除了车铃不响哪儿都响"的东方红牌自行车推了出来。当时的大哥，确实多了一个心眼。他本来刚买了一辆新自行车，但是大哥可不敢轻易地相信别人。

　　汉子十分感激，说最晚明天上午就把车还回来。也许是由于匆忙，汉子并没有来得及留下他的姓名以及村庄，就匆匆地骑车走了。

　　晚上，当我的嫂子听说大哥把自行车借给一位陌生人的时候，和大哥大闹了一场，嫂子说我的大哥是榆木疙瘩不开窍，这回肯定被人骗了，不信等着瞧。

第二天上午，大哥焦急地等候在铁皮屋前，他多么希望那位汉子早点出现呀，然而，时间一分一秒地过去了，大街上人来人往，却没有那位汉子的身影。嫂子在一旁不断地敲敲打打、冷嘲热讽，大哥由沉默变得烦躁，又由烦躁变得愤怒。到了中午12点的时候，汉子仍然没有来，大哥终于绝望了，任凭嫂子把他骂得狗血淋头。

大概是在中午12点半的时候，那位汉子骑着车子忽然出现在大哥面前。汉子擦了一把脸上的汗水，连声说着："对不起、对不起，来晚了。"大哥先是惊喜，但随之而来的是一股无名之火从心底升起。大哥厉声说："对不起个屁！你耽误了我大事！"汉子很尴尬地站在一旁，手足无措，忽然，大哥灵机一动说："这样吧，我不能把自行车白借给你，你得掏个钱，就算是车子的'折旧费'吧。"大哥很为自己的聪明得意，他知道，自己的这一招肯定会赢得老婆的赞许。果然，一直在旁边站立的嫂子，脸上顿时露出了欣慰的笑容。但是，那位汉子显然被这突如其来的变化搞蒙了，他嗫嚅着说："行……你说……多少钱？"大哥说："你拿20块钱吧。"汉子没有说话，从口袋里掏出两张10元的纸币，递给大哥。然后，汉子又说了一声："谢谢你了，俺走了。"说完，汉子头也不回地融入人群之中。

看着汉子已经走远，大哥才转过身，把那20元钱狠狠地甩给嫂子。然后，大哥准备把车子往里推一下。忽然，大哥愣住了！因为他看到了一个崭新的车铃，用手一拨，发出一阵脆响。大哥再仔细一看，车子确实是自己的东方红，但是变化的不仅仅是车铃，还有两只崭新的脚蹬子，刚刚上了油的链条以及擦拭一新的车瓦。

大哥一下子明白了。他一把抢过嫂子手中的20元钱，赶紧跑上街头。但是，那个汉子的身影已经无从寻觅。

如今，大哥自己开办了一家企业，企业红红火火。大哥多次对我说，那20元钱，是他一生的心灵折旧费。而在大哥厂子的门口，我看到了四个大字：诚信为本。

那个夜晚
的怀念

有一个出身贫困的孩子十分喜爱钓鱼，可是却从来没有钓到过一尾大鱼。在鲈鱼钓猎开禁前的那天晚上，他和母亲又来到湖边钓鱼。放好鱼线，安好鱼饵，一次次将鱼线抛向湖水中。

湖面十分平静，他和母亲守在那，等着鱼上钩。可是，很长时间过去了，没有一条鱼上钩。

就在他们准备回家的时候，鱼线突然动了。他拎一拎，发觉异常沉重，这肯定是一条大鱼上钩了。

他兴奋极了。急忙快速地收鱼线，线越收越短，湖面响起大鱼拍击水面的声音，母亲取出网罩上湖边准备套住它。

果然是条大家伙。母亲打开手电，照着鱼身，发现它是条鲈鱼，它银白色的鱼鳞闪耀诱人的光芒。

母亲看着夜光表，对孩子说："现在是10点。离开禁还有两个小时，孩子我们放了它吧。"

孩子说："不，妈妈，我们好不容易钓到它。"

孩子哭了，母亲安慰他："我们还会钓到更大的鱼。"

孩子环顾四周，湖边了无人影，夜色深沉。他对母亲说：

"别人不知道我们钓到了鲈鱼。"

母亲说："孩子，湖边没有眼睛，但我们心里有眼睛。"

在母亲的坚持下，鲈鱼被放走了。

30年后，这个小男孩成为纽约最著名的建筑师，他的作品遍及纽约。

没有人能理解出生在贫民窟里的男孩会成为纽约的知名人士，受到民众的尊敬。更没有人会把他的成就与30年前那个夜晚联系起来。

别猜了，
我爱你

男人对他的爱情是不太满意的，他固执地认为自己应该有位更出色的恋人。女人不苗条，不艳丽，左颊有一颗巨大的黑痣。

女人在遥远的城市读书，终于要回来啦，男人去车站接她。这一对尴尬的恋人，都已不再年轻。

一路上男人想，是否应该结束他们7年的恋情呢？如果是，该如何向她开口呢？男人打理着一家小公司，他的职业让他面临着太多的诱惑。

等了一天，车来了三班，却不见女人。男人打女人的电话却拨不通；再拨，仍不通。男人急了，去车站办公室问，有人告诉他，由于暴雨，路上出了车祸，一辆公共汽车翻进了路边的深沟，当场死三人，伤二十二人。

男人感觉到脑袋被重重击了一下，身子晃了晃。后来被继续告知，出事班车的始发站正是女人读书的那座城市。这时他的身子晃得更厉害，几乎站立不稳，他似乎听见炸弹在脑子里爆开的声音。

男人搭车去几百公里外的医院寻他的女人。他跑遍了所有的急诊室、病房和走廊，叫着女人的名字。他仔细地观察着每一名头缠纱布的伤者，然而伤者中没有他的女人。他的女人已经不在了，男人这样想着，晕倒了。

男人恍恍惚惚地昏迷着，却真真切切地悲伤着。他突然想到女人的千般好，突然意识到自己对女人深深的爱和依恋。他想为什么自己的女人不是那个被坐椅擦伤了皮的女人呢？为什么不是那个被轮胎轧断两条腿的女人呢？为什么不是那个被溢出的汽油烧毁了容貌的女人呢？甚至，为什么不是大夫所说的那个已被撞坏大脑，极可能成为植物人的女人呢？他想，无论哪种情况他都会娶他的。可是，尽管男人在一场灾难面前把标准降得很低，他的女人还是不在了。

突然，他接到女人的电话。听到女人的声音，他颤抖得不能自控。女人告诉他，她所乘坐的车子在一个极偏僻的地方抛锚，换乘的另一辆在绕行时让一条洪水冲垮的断桥截了路，于是不得不换乘第三辆。总之发生很多事，这很多事，让她耽误了一天多的时间。她说，现在她住在一家乡村的旅馆里，运气好的话，明天就可以见到他啦。

女人说了很多，男人默默地听着，泪流满面，如虚脱了一般。他问女人，你的电话怎么打不通呢？女人说，没电了。男人仿佛没有听见，继续问，我拨你电话，却怎么打不通呢？女人说没电了啊。男人仍是问，似在梦语。

男人搭了出租车，亲自去那家乡村的旅馆接他的女人回来。男人没有告诉女人车祸的事。男人看女人那颗巨大的痣，痣也是迷人的。男人有一种大难不死，劫后余生的感觉。

男人与女人结婚了。婚后，男人幸福得要死。他发现，面前的女人虽然并不出色，但毫无疑问是世界上最适合做他的妻子的女人，或许，也包括那颗痣。

几年后的一天，在一个黄昏，在餐桌上，男人喝了些酒，男人告诉女人说，我差一点就失去了你呢。

女人就问为什么。

男人说有一场车祸。其实车祸还没来时，我心里已有了车祸。后来真的车祸来啦，我心里的车祸就没有了。

女人糊涂了，说什么呢，讨厌。

男人眯着眼。男人说，是真的。一场本与我们毫不相关的车祸，却让我降低了爱情和幸福的标准，结果，我收获了更多的幸福和爱情。

女人还是听不懂，男人说你别猜了。然后他轻搂着女人的肩，男人说，我爱你。

智者
的话

传说在浩瀚无际的沙漠深处，有一座埋藏着许多宝藏的古城。要想获取宝藏，除了必须穿越整个沙漠，还必须战胜沿途那些数不清的机关和陷阱。沙漠里一没有饮水二没有客栈，要穿越它简直比登天还难，更别说去逾越和战胜那些重重的机关和陷阱了。

许多人都对沙漠古城里埋藏着的这一大批价值连城的财宝心驰神往，但却又没有足够的勇气和胆量去征服整个沙漠以及那些杀机四伏的陷阱机关。这批珍贵的财富，就这样在沙漠古城里埋藏了一年又一年。

终于有一年，一个勇敢的人从爷爷那儿听到了这个神奇的传说以后，便决计要去探寻这批财宝。他准备了充足的干粮和饮水，便独自踏上了艰辛而漫长的寻宝之路。

为了能够在回程的时候不至于迷失方向，这个勇敢的寻宝者每走出一段路，便要做一个非常明显的标记。他试探着在沙漠中走呀走呀，虽然每前进一步都充满了艰险，但最终还是走出了一大段路来。就在古城已经遥遥相望的时候，这个勇敢的人却因为过于兴奋而不小心一脚踏进了布满毒蛇的陷阱，眨眼间便被饥饿凶残的毒蛇噬咬成了一具白骨。

过了许多年后，又有一个勇敢的寻宝人走进了这片荒无人烟的沙漠，当他看到前人留下的那些醒目的标记时，心里便想，这一定是有人走过的，沿着别人指引的道路行进，一定不会有错。他欣喜地沿着前人留下的标记走了一大段路后，发现果然没有任何危险。可就在他放心大胆地往前走时，一不留神，也同样落进了陷阱，成了毒蛇口中一顿丰富的美餐。

又是许多年过去，又一个勇敢的寻宝人走进了沙漠，他所选择的，同样是前面两人所走的道路。结果，他的命运也是可想而知。

……

最后走进沙漠的寻宝人是一位智者，当他看到前人留下的那一个个醒目的标记后，心想：这些标记不一定就那么可靠。前人所指引的路，不一定就是正确并且非常安全的道路。要不然，这些寻宝者为什么都一去不复返呢？于是，智者凭借自己的智慧，在浩瀚无际、险象环生的沙漠中，重新开辟了一条崭新的道路。他每迈出一步都小心翼翼，扎实平稳。最终，这位智者克服和战胜了重重意想不到的艰难险阻，抵达了埋藏宝藏的古城，取回了价值连城的宝藏。

智者在临终的时候，无限感慨地对自己的儿孙说：前人走过的路，并不一定就是一条正确的通往成功的路。前人的路标所指引的方向，也不一定就是正确的前进方向。要想挖掘人生的宝藏，就得勇敢地去探索，去开辟一条属于自己的新路。万不可过于迷信前人，迷信既得的经验。要相信，已经被众人走过踏平的宽敞大路尽头，绝对没有价值连城的宝藏供你们采掘。即使果真有宝藏，那也早就被那些比你们更早地踏上这条道路的寻宝人采掘得一干二净了。

这位谋勇兼具的智者叫什么名字，想来已经无关紧要，最为重要的是他同样给我们留下了一笔价值连城的人生"宝藏"，那就是他临终的遗训。虽然只是几句简单而朴素的遗言，却足以让我们受用一生。

成功的曙光

　　有两个孩子从家中偷了一些水果和奶制品，跑到野外去玩。那时还没有保存食物的方法，看着吃剩的食物在阳光下坏掉，他们没有一点办法。

　　后来，两个孩子上了中学，他们依然是好朋友。一次，沿着冰封的湖畔散步，那个叫图德的孩子突然说："还记得咱们从家里偷东西出来吃的事吗？"另一个孩子说："当然记得，只是可惜剩下的食物都坏掉了！"图德指着湖面问："看见那些冰了吗？""这里的冬天到处是冰，没什么大惊小怪的。"图德兴奋地说："为什么不把这些冰收集起来，运到炎热的加勒比海的一些港口去销售呢？"那个孩子嘲笑他说："别傻了，冰到了那里早化成水了！"可图德的目光依然注视着湖面上的冰。

　　几年后，也就是1806年，21岁的图德再次找到当年的朋友，想让他和自己一起做冰的买卖，可朋友再次拒绝了他，并劝他别异想天开。后来，在别人的资助下，图德花费1万美元将130吨冰用船运往酷热的马堤尼克岛。此后，图德在15年的时间里，把冰生意做成了世界行业，在船所能到达的地方，造成了人们对冰镇饮料、冰藏水果和冷藏肉类的需求。到了1858年，图德把15万吨冰先后装上了380条大船运往美国、中国、菲律宾和澳大利亚等50多个国家和地区，而图德也因此成为世界冰王和亿万富翁。图德的做法给科学家们以启发，终于引出了冰箱的问世。当年那个朋友却依然过着普通的生活，他没想到，那些被他忽视的冰会成就一个人的梦想。

天才与常人的区别也许就在于一双眼睛和一颗心。对于一些事物，有些人只能看到表面，想到当前，而有些人却能看到内涵，想到以后。擦亮你的眼睛，敞开你的心灵，去迎接生命中的每一个机会，相信你一定会迎来成功的曙光。

05

爱比恨更有力

爱比恨
更有力

　　大山继续往前走，走进沙漠二十多里时，老天突然刮起昏天黑地的狂风，整个大地被风暴抬起来又埋下去，埋下去又抬起来……不知过了多长时间，风暴才消失了。

　　这时，透过漫天的黄沙，大山看到泛白的太阳已经挂在西方的天幕上。为了在天黑之前走出沙漠，大山强忍着周身的疼痛，从地上爬起来，举起水壶，想润一润干得冒烟的喉咙，哪知，水壶已经空了。水壶被风暴一抬一摔，水全溢干了。

　　说来也巧，蓦然间，大山看到不远处还坐着一个人。他像遇到救星似的跑过去——发现那人正是自己的死对头高成！高成也是被摔得浑身青一块紫一块的。原来他跟大山一样，也是为了实地预演提前来适应场景的。

　　对头见对头，危难之间相对无语。不过，高成比他好多了，他的面前还摆着两小瓶矿泉水。见到水，大山激动得全身发抖！可是，向他讨，他必然会向自己提出苛刻的交换条件，这是万万不能答应的。向他买，在这个时候，他断然不会出卖自己的救命水！

大山摇了摇空空的水壶，赌气似的说："没有水，我就是喝尿也会挺过去！"于是，他拿起水壶，朝一旁走去。

可是，他周身的血液都像被蒸干了，哪里还解得出来呢？如果没有水，恐怕会渴死在沙漠里。大山害怕了，因为他一脚踢开了一具白森森的骷髅！看来，只有……

他悄悄地潜到高成的背后。这时，高成正把最后一瓶水递到嘴边。说时迟，那时快，大山一把夺过高成手中的水，提起自己的行李包就跑……

这天晚上，大山翻过最后一道沙丘，一跟头跌倒在草原上的一堆篝火旁。等他醒来的时候，那个牧民不解地问："明明你包里还有一瓶水，为什么固执不喝呢？"

原来，这瓶水是高成偷偷塞进他的行李包的。牧民正是用这瓶水灌醒了他。大山先是惊愕，继而羞愧得号啕大哭起来。

大山和牧民骑着骆驼重返沙漠，怎么也找不到高成，倒是第二天晚上，高成自己奇迹般地重返驻地了。大山不敢去问他是怎样创造这一奇迹的，自己悄悄离开了公司，从此再也没有涉足影视行业。这是一个真实的故事，故事的主人公就是我的朋友。他说："就凭那瓶水，我觉得只有高成才配演绎那位英雄。我从来没有向人认输过，可这一次却输得心服口服啊！"

看来，爱不仅能化解仇恨，它还是打败对手的锐利武器啊！

心底的
那个人

　　我的心底总藏着三个小故事，每次想起，都一惊。因为我原以为自己很聪明、很客观，直到经历这些故事之后，才发觉许多事，只有亲身参与的人，方能了解。那是人性最微妙的一种感觉，很难用世俗的标准来判断。

　　当我在圣若望大学教书的时候，有一位同事，家里已经有个蒙古症的弟弟，但是当他太太怀孕之后，居然没做羊水穿刺，又生下个"蒙古儿"。消息传出，大家都说他笨，明知蒙古症有遗传的可能，还那么大意。我也曾在文章里写到这件事，讽刺他的愚蠢。直到有一天，他对我说："其实我太太去做了穿刺，也化验出了蒙古症，我们决定堕胎。但是就在约好堕胎的那天上午，我母亲带我弟弟一起来看我们。我那蒙古症的弟弟，以为我太太得了什么重病，先拉着我太太的手，一直说保重！保重！又过来，扑在我身上，把我紧紧抱住，说，哥哥，上帝会保佑你们。他们走后，我跟太太默默地坐了好久。不错！我是曾经怨父母为什么生个蒙古儿，多花好多时间在他身上。但是，我也发觉，他毕竟是我的弟弟，他那么爱我，而且毫不掩饰地表现出来。我和我太太想，如果肚子里的是个像我弟弟那么真实的孩子，我们能因为他比较笨，就把他杀掉吗？他也是个生命、他也是上帝的赐予啊！所以，我们打电话给医生，说我们不去了……"

二十多年前，我当电视记者的时候，有一次要去韩国采访亚洲影展。当时出国的手续很难办，不但要各种证件，而且得请公司的人事和安全单位出函。我好不容易备妥了各项文件，送去给电影协会代办的一位先生。可是才回公司，就接到电话，说我少了一份东西。

"我刚才放在一个信封里交给您啦！"我说。

"没有！我没看到！"对方斩钉截铁地回答。

我立刻冲去了西门町的影协办公室，当面告诉他，我刚才确实细细点过，再装在牛皮纸信封里交给了他。

他举起我的信封，抖了抖，说："没有！"

"我以人格担保，我装了！"我大声说。

"我也以人格担保，我没收到！"他也大声吼回来。

"你找找看，一定掉在了什么地方！"我吼得更大声。

"我早找了，我没那么糊涂，你一定没给我。"他也吼得更响。眼看采访在即，我气呼呼地赶回公司，又去一关一关"求爷爷、告奶奶"地办那份文件。就在办的时候，突然接到影协"那个人"的电话。

"对不起！刘先生，是我不对，不小心夹在别人的文件里了，我真不是人、真不是人、真不是人……"

我怔住了，忘记是怎么挂上那个电话的。我今天虽然已忘记了那个人的长相，但不知为什么，我总忘不了他那个人。明明是他错，我却觉得他很伟大，他明明可以为保全自己的面子，把发现的东西灭迹，但是，他没这么做，他来认错。我佩服他，觉得他是一位勇者。

许多年前，我应美国水墨画协会的邀请，担任当年国际水墨画展的全权主审。所谓"全权主审"，是整个画展只由我一个人评审，入选不入选，得奖不得奖，全凭我一句话。他们这样做的目的，一方面是尊重主审，一方面是避免许多评审"品味"相左，最后反而是"中间地带"的作品得奖。不如每届展览请一位不同风格的主审，使各种风格的作品，总有获得青睐的机会。那天评审，我准备了一些小贴纸，先为自己"属意"的作品贴上，再斟酌着删除。

评审完毕，主办单位请我吃饭，再由原来接我的女士送我回家。晚上，她一边开车，一面笑着问："对不起！刘教授，不知能不能问一个问题。没有任何意思，我只是想知道，为什么那幅有红色岩石和一群小鸟的画，您先贴了标签，后来又拿掉了呢？"

"那张画确实不错，只是我觉得笔触硬了一点，名额有限，只好……"我说，又笑笑，"你认识这位画家吗？"

"认识！"她说，"是我！"

不知为什么，我的脸一下子红了。她是水墨画协会的负责人之一，而且从头到尾跟着我，她只要事先给我一点点暗示，说那是她的画，我即使再客观，都可能受到影响，起码，最后落选的不会是她。一直到今天，十年了，我都忘不了她。虽然我一点都没错，却觉得欠了她。

　　三个故事说完了。从世俗的角度看，那教授是笨蛋、那影协的先生是混蛋、那水墨画协会的女士是蠢蛋。但是，在我心中，他们都是最真实的人。在这个平凡的世界，我们需要的，不见得是英雄、伟人，而是这种真真切切、实实在在，可以不忠于世俗，却无负于自己良心的人。每次在我评断一件事或一个人之前，都会想到这三个故事，他们教了我许多，他们教我用"眼"看，也用"心"看。当我看到心灵最微妙的地方时，常会有一百八十度的大转变。

欺骗是
最深重的伤害

　　那是小学一年级的暑假里，我去外婆家住。正是七岁八岁狗都嫌的年龄，加之隔壁一个叫世香的女孩子，跑来和我做朋友，我们的种种游戏使外婆更不安宁了。笑呀，闹呀，四合院里到处充满我们的声音。

　　表姑在外婆家里养病，她被闹得坐不住了。一天，她对我们说："你们怎么就不知道累呢？"我和世香相互看看，没名堂地笑起来。是啊，什么叫累呢？我们从没想过。累，离我们多么遥远啊。有时听大人们说："噢，累死我了。"他们累是因为他们是大人呀。当我们终于不笑了，表姑又说："世香呀，你不是有一些糖纸吗？你们为什么不去找一些漂亮的糖纸，多好玩呀。"我想起世香是向我炫耀过，她那几十张美丽的糖纸。可我既不喜欢糖纸，也不觉得找糖纸有什么好玩。世香却来了兴致，"您为什么要我们攒糖纸呢？""攒够一千张糖纸，表姑就能换给你一只电动狗，会汪汪叫的那一种。"

　　我和世香惊呆了。电动狗也许不被今天的孩子认为稀奇，但在我的童年，表姑的许诺足以使我们激动很久。那是怎样一笔财富，那是怎样一份快乐！

从此我和世香不再吵吵闹闹，外婆的四合院也安静如初。我们走街串巷，寻找被遗弃在墙角里的糖纸。那时候，糖纸并不是随处可见的，有时候，我们会追着一张随风飘舞的糖纸，追个老半天。我和世香的零花钱都用来买糖，这样，也只能买几十颗。然后我们突击吃糖，嗓子让糖齁得生疼。我们还在糖果柜台边，耐心地守候带孩子来买糖吃的大人，一张糖纸就是一点希望呀！

我们把又脏又皱的糖纸，在脸盆里仔细泡干净，一张张贴在玻璃窗上，等揭下来，糖纸平整如新。暑假就要结束了，我和世香每人都攒够了一千张糖纸。

一个下午，我们跑到表姑跟前，献上了两千张糖纸，表姑不解地问："你们这是干什么呀？""狗呢，欠的电动狗呢？"表姑愣了一下，接着就笑起来，笑得上气不接下气，好一会儿才说："表姑逗你们玩呢，嫌你们老在园子里闹，不得清静。"世香看了我一眼，眼里满是悲愤和绝望。我觉得还有对我的藐视，毕竟这个逗我们玩的人是我的表姑呀。

这时，我突然觉得很累。原来大人们常说的累，就是胸膛里的那颗心突然加重了。我和世香走出院子，我俩不约而同地把那精心整理过的糖纸奋力扔向天空，任它们像彩蝶随风飘去。

我长大了，每逢看见"欺骗"这个词，总是马上联想起那一千张糖纸——孩子是可以批评的，孩子是可以责怪的，但孩子是不可以欺骗的，欺骗是最深重的伤害。

如今我已经长大成人，可是所有大人不都是从孩童时代走过来的吗？

分手那晚，
你醉了

20年后，她仍记得那年春天的种种细节。那年她7岁，上小学一年级。放学后她背着书包去医院看母亲。

母亲摸着她的头说：你瘦了。

她顿时想起了自己的千般委屈，埋头在母亲病床边，哽咽地说：妈妈，我想吃你做的菜了，爸爸炒番茄蛋都不放盐……

两周后，母亲去世。一年后父亲工作调动，带着她来到成都，很快她有了继母，还有了小弟弟。时光流逝。她上寄宿中学，上大学，毕业后来到深圳，从此没回过小城。

20年里她很少与人谈起母亲。后来与他相识，拍拖，也很少提起从前的事情。

她只是偶尔在心中想起，童年时，母亲做的菜是何等美味。她最爱吃的是青豌豆焖鳝鱼，春天新出的嫩豌豆配上酸菜和泡椒，鳝鱼切段，爆炒后加汤慢慢焖，快出锅时撒上切碎的鱼香，奇异的香气曾弥漫她整个童年——鱼香，是她出生的川南小城特有的香料植物，叶片和茎像极了后来她在深圳看到的紫苏，只是颜色碧绿而非深紫，香气也比紫苏更多了些凛冽。

她和他相爱两年，一朝分手。分手前一晚他们决定共同做最后一餐饭，然后告别。

在菜场看见那束叶片时，她心中狂喜，拿起来的时候手都发抖了。然而她很快发现那不是她记忆深处的香气。真正狂喜的是他：深圳也有我们湖南的紫苏！他迅速买了一小把，说回去烧鱼。他太兴奋，或许是用兴奋来掩饰分手的尴尬，以至于忽略了她失望的眼神。

那一晚，紫苏的气味终于牵动了她的泪腺。

分开后，他时有电话打过来，她一律淡淡应对。她体验过生命中太多的失去，母亲不在了，父亲有新家了，颠沛流离的生命中，失去是注定的，他的离开又算得了什么？

大半年过去，她仍是独自一人。一天晚上，她下班回到宿舍，门铃忽然响起。她警惕地把门打开，外面站的却是他。他的手里，握着小小一把碧绿的叶子。

她如遭雷击。慢慢地，她伸手拿过叶子，送到鼻子下面，深呼吸……

他扬了扬手中的袋子：来，帮我洗菜。鳝鱼、酸菜、泡姜、大蒜、泡红辣椒、嫩豌豆。还有，那小小的一束，鱼香。他说，我出差，去了你的家乡——不是成都，是川南小城。

他在一家小餐馆学会了做豌豆焖鳝鱼。

她困惑：我从未讲过，你如何知道？他淡淡道：分手那晚，你醉了，哭着，讲给我听。

原来她终于说出来了。原来他一直记得。

一餐饭结束，他告辞离去。关上门，她再度抬手，深呼吸——手上，满是鱼香的凛冽之气。

最好的
答案

五年前，我在英国南部的一个商学院念市场运营方向的MBA。

那是一个星期一的上午，来了一个叫罗吉尔的新老师，他准备了一系列问题，全部折成小字条放在盒子里，我们逐个上去抽签，念出上面的句子——通常是一个案例分析或者名词释义，比如"怎样使处在信任危机中的安联保险公司起死回生"，或者"怎样才能在十分钟内让一个完全不懂经济的人理解'边际成本'这个词的含义"之类。到我了，我走上前去——怎样才能吃到真正的苏格兰牛肉?当我小声地念出上面的问题，全班顿时哄堂大笑起来。要知道，为了给新老师留一个好印象，我已经为这堂课准备了整整一个周末！但现在，恐怕再给我十个周末，也很难从任何一本书或者一个案例中找到答案了。

这个老头，他一定是想吃苏格兰牛肉想得快发疯了！我一边暗暗地咒骂着，一边皱着眉头走下讲台。

还好，他给了我们一个星期的时间，下周一再进行检查。

从那天开始，准确地说，是从那节课结束以后，我就陷入了一种盲目的寻找之中。只要一有时间，我就一头扎进图书馆，查阅各种有关牛肉的书籍，但它们和经济的距离实在是太远了，有很多的专业名词我根本都看不懂，更别说找到这样一个奇怪的问题的答案。

到了星期三的下午，通常是篮球训练的时间，我当然没有去——作业还没有完成呢！吃晚饭的时候，我的朋友洛克来了。他是一个来自非洲的黑人小伙子，我们是在打篮球的时候认识的。

"谢，你为什么不去参加训练呢?"

"噢，求求你了，别再逼我了。我都快急死了，哪里还有空去打球啊?"当我讲出我的难题，洛克竟然笑了："小菜一碟啦！不要太着急，我有办法的。相信我吧，一定没问题。"

不是我不信任他，实在是除了打篮球，我真的看不出他有哪一点值得我去相信他。他似乎看出了我的疑虑，拍拍我的肩："没问题就是没问题。反正像你这样天天泡图书馆也是大海捞针，没什么希望的，不如在我身上赌一把吧！就赌一顿苏格兰牛肉怎样?"

到了星期五，洛克还是没有联络我，我有些耐不住了，向篮球队的其他成员打听清楚之后，就径直去了他的宿舍。他和别人在学校的山后合租了一套公寓，门口的院子里种了许多菜，油油的绿色和大朵大朵的花儿，倒也不比那些观赏植物逊色。我在窗外叫了两声，他出来了，手里拿着一个大风筝。

人生需要竭尽全力

"怎么样?是我自己做的。"他得意地说。

"嗯,真漂亮。"我心不在焉地应付着。

"哈哈,瞧你急成这样,离星期一不是还有两天吗?"

"可是,可是——"我不知该怎样说才好,难道说我对他不够信任吗?

"哎呀,你瞧这么好的天气,我们一块儿去放风筝好了。"放风筝?我都有十年没放过风筝了。他就把风筝塞到我的手上,自己拿着线向山顶上跑去,边跑还边回头:"不是说你们中国人最会放风筝的吗?我做风筝就是向一个香港女孩学的。你可要好好帮我一下,我要把它放得很高很高!"

我有些无奈地笑了笑,跟着他往山顶走去。

说真的,那个下午玩得很愉快,风筝很漂亮,飞得也很高。

星期六又是篮球训练的日子,我去了,却一个球也投不进去。星期天学校组织了一场募捐活动,我又在义工的人群中发现了他。他一会儿爬上桌子进行演讲,一会儿整理募捐到的各种钱物,忙得不亦乐乎。募捐活动直到晚上七点才结束。趁他们收拾东西的片刻,我走了过去,"洛克,我明天就要交作业了,答案呢?你想出来了吗?"

"当然啦!你看我像一个不守信用的人吗?"他笑着,露出两排洁白整齐的牙齿,"别忘了,罗吉尔教授问的是'怎样才能吃到真正的苏格兰牛肉'?我已经请一个苏格兰的同学带了一点过来。当然，我不敢肯定那是没有染病的牛肉，但是根据医学调查，食用七成熟的染病牛肉50克以下不会对身体造成任何伤害。所以，嗯——实际上，你得明白，'吃到'和'大吃一顿'是两个完全不同的概念。"

洛克顿了一下，又说："你得学会打破常规。"

结果可想而知，当我在星期一的课堂上讲出答案的时候，我得到了罗吉尔教授赞许的笑容和热烈的掌声。他说，其实他自己也不知答案为何，但他希望我们能有突破性的思维。

他说："谢，你做得非常好！"我想起了洛克，是他做得好，不是我。

三个月以后，英国解除了对牛肉的限制。我和洛克一起，还有罗吉尔教授，在本城最好的牛扒店，吃了一顿极其丰盛的苏格兰牛肉——味道好极了！但是从那以后，我在做市场推广的过程中，曾经遇到过许多看起来"不可能解决"的问题，我总会去找一个西餐厅，叫一块苏格兰牛肉，然后试着让自己像洛克一样轻松，去打一场篮球或者看一场电影，再然后，跳出我们的习惯，打破常规，得到一个最好的答案。

清凉
如泪

婚礼后，他和她商量去敦煌度蜜月。

一路上，两人恩爱交织，狂喜窃笑皆成涟漪，夜宿边关望明月，晓闻羌笛报晓声，恨不得一生一世如此相守。胡天八月，风沙连天，高大的他总是为瘦小的她举一把伞，怕她白皙的皮肤被强烈的紫外线晒伤。她一直是那么瘦。

跟着旅行团去楼兰遗址。夕阳刺眼如血，风干的石窟上百孔千疮，诉尽了沧桑，她不时被路边胡杨树上旋起的秃鹫吓得惊叫。导游笑着告诉大家，别害怕，那些飞禽只吃死尸。

夜了，汽车突然爆胎，众人只好弃车而行。她的脚崴了，他陪着她一步步慢行，渐渐地掉了队。他背起她，向着远方的灯火蹒跚而去。大漠的天气喜怒无常，转眼间刮起沙暴，他把她藏在背风处，用脊梁替她遮挡风沙。一切风平浪静后，他又背着她赶路。

她心疼他，要他歇歇。他笑了笑说不要紧，然后舔了舔干燥的嘴唇继续前行。他不敢停下来，因为他知道，刚才的沙暴，卷走了他们的背囊。他没有告诉她。

天亮了，远处的灯火逐渐消失。他还没找到路，她发现背囊丢了，顿时惊慌起来。他笑笑，摸着她的长发，说不要紧，有我呢。夜幕再次降临，他们筋疲力尽，却又望见远处的灯火。她走不动，他又将她背起，身后留下一个个深深的脚印。

第三天，他也没有了力气。她的眼神开始绝望，趴在他怀里哭。他好言相慰，抬头之间无意看到飞逝的流星划过夜空，心中有了答案。他计算好了一切，陪她说话，不再着急赶路。他知道，远方的灯火，只是天边的星光。他和她，早已经走进绝境。

白天，她渴得快要昏迷，肌肤上泛起一层层脱落的皮，泛着淡淡的红。他看着心疼，说我们不走了，很快会有人来的。伞早已经不见，他用双手撑地，将她放在自己的影子中，任凭阳光侵袭着后背。他一直这样的坚持，看到她憔悴的面容，干裂的嘴唇，落下泪来。一滴滴都溅在她的唇间。而她，却已经不省人事。

他们失踪的第六天中午，营救小组望到沙漠深处不时飞起几只秃鹫，他们心生疑窦，走近看时，便有几个人失声痛哭：他早已死去，却还保持着那种俯卧的姿势，双手深深地插入沙里，后背被秃鹫啄得血肉模糊。而她，完好无损的躺在他的影子里，宛若熟睡。

两个月后，她恢复健康，在他坟墓旁搭了间木屋，给他的墓旁种满植物，梧桐树、常青藤……一片稠绿如绘，浓郁的树阴遮住了墓碑。

她也要他，一生睡在自己播种的影子下，清凉如泪。

成功的
第一课

几年前，我的一位朋友毅然辞去她那份薪金稳定令人羡慕的工作，开始了艰苦的创业。在她的成就已令人瞩目的今天，我想起的仍是那最初的圆桌。

她是从寻找合作伙伴开始的。她不在熟人中寻，而是在陌生人中寻，通过培训来招聘挑选。陌生之间当然有一个建立相互信任的过程，因此培训班的第一课，就显得相当的关键。

我应邀担任了第一节课的老师。培训地点设在一间小学课堂里。不知什么原因，那天开课时间到了，教室里却只有寥寥十几个人。我建议等等，她说不能，这样就伤害了准时的人。我说这么多空位太难看，她很果断地撤去讲台，将六七张课桌摆成一圈，老师学生团团围住。座无虚席，上课了！

不断有迟到的学员进来，来一个就添一张椅子，不断增多，圆桌的规模不断扩大，到下课时数数，已整整扩大了一倍。然而，少的时候并不觉得缺少，多的时候不觉得多余，自始至终座无虚席济济一堂，第一课很成功。

之后，我时而听她有捷报传来，对具体细节却知之不多。但我总相信，她的成功与最初的圆桌效应有关。她那里永远不会因为少了谁而出现空缺，新来的每一个人又都能立即平等融入。圆桌的规模大小可以时常调整改变，但她保证了它是永远的圆桌。

宠爱的
味道

第一次与男友吃饭——哦，不，是前男友了——是在一家淡水鱼餐馆。

那时，她刚大学毕业，很矜持，话很少，只低着头笑。

一条鱼，一条叫不出名字的鱼，是那天饭桌上的唯一一个荤菜。鱼身未动，男友先撬起鱼眼放到她面前："喜欢吃鱼眼吗?"

她不喜欢，而且她也从来不吃鱼眼，但却不忍拒绝，羞涩地点了点头。

男友告诉她，他很喜欢吃鱼眼，小时候家里每次吃鱼，奶奶都把鱼眼撬给他吃，说鱼眼可以明目，小孩吃了心里亮堂。可奶奶死了后，再也没有人把鱼眼撬给他了。

其实想想鱼眼也并没有什么好吃的。男友笑着说，只是从小被奶奶娇宠惯了，每次吃鱼，鱼眼都要归我——以后，就归你了，让我也宠宠你。男友深深地凝视着她。

她想不明白，为什么鱼眼就代表着宠爱。明不明白无所谓，反正以后只要吃鱼，男友必会把鱼眼撬给她，再无限怜爱地看着她吃。

慢慢地，她习惯了，习惯了每次吃鱼之前都娇娇地翘起小嘴等着男友把鱼眼搛给她。

分手，是在一个寒冷的冬天，那时男友已在市区买下了一套房子打算结婚了。她哭着说她不能，不能在这个小城市过一生，她要的生活不是如此。余下的话她没有说——因为她美貌，因为她富有才华，她不甘心在这个小城市待一辈子，做个小小的公务员。她要如男人一样成功，要做女强人，要实现她年少时的梦想。

他送她走时，她连头都没有回一下，走得很坚决。

在外面拼搏多年，她的梦想终于实现了，她已经拥有一家像模像样的公司了，可爱情始终以一种寂寞的姿态存在，她发现自己再也爱不上谁了。

这么多年在外，每有宴席必有鱼，可再也没人把鱼眼搛给她了。她常常在散席离开时回头看一眼满桌的狼藉，与鱼眼对视。

一次特别的机会，她回到了曾经生活过的那个小城。昔日的男友已经为人夫了，她应邀去那所原本属于她的房子里吃晚餐。他的妻子做了一条鱼，他张罗着让她吃鱼，搛起一大块细白的鱼肉放到她的碟子里，鱼眼给了他的妻子。

这么多年无论多苦多累都没掉过眼泪的她，忽然就哭了。

眼盲，
一样能飞翔

她是一位漂亮而又富有才华的女孩。她15岁考上大学，19岁教大学，22岁考入中科院研究生班，24岁在中科院教研究生。接着，她恋爱、结婚、生子。一切都顺风顺水，处处布满了鲜花和掌声。

可是，在她29岁那年，上帝却突然关闭了那条通往幸福的大门，一下子把她推入到黑暗的深渊里。她的视神经发生了病变，双目失明。与光明一同失去的，还有她的丈夫和孩子。

她就像是一位武林高手突然被废了武功，一切能力都在瞬间消失得无影无踪。

她在父母的帮助下，开始学穿衣、吃饭、走路。这些看似平常的事儿，现在对于她来说，简直比登天还要难。她用筷子夹菜，筷子竟然把菜碗推翻了；她用吸管喝饮料，吸管竟然戳疼了自己的眼睛；她用盲杖探路，盲杖竟然把自己绊倒……

当然，最令她憋闷的是不能看书，不能写字，不能获取知识信息。这对于一个大学教授来说，是多么残忍多么可怕呀！

她要学习盲文，她要回到自己的知识领域里去。可是，这一年，她已经三十岁。三十岁的女人当然不能再上盲人学校。因此，她只好自学。

她开始"看"盲文。当然，她是用手指"看"的。她只能用手指摸来替代眼睛看。她摸的第一个英文单词是大白菜，字母为c–a–b–b–a–g–e。

这7个英文字母，她用手足足摸了一个小时，可是，她到底还是没有弄明白这个单词就是"大白菜"。

当父亲告诉她答案的时候，她哭了。她为自己的笨拙而流泪。她是中科院的英语教授，居然不认识"大白菜"这个英文单词。而在此之前，她可是一目十行啊！

她不相信自己就这么被一棵"大白菜"给绊倒了。她要活下去，她要站起来，她要做一棵能够飞翔的大白菜，重新翱翔在知识的天空里。

她开始了自己的奋斗。她把自己一个人锁在房间里，一遍遍地练习，一遍遍地摸字，一遍遍地默记。然后，她再把学会的东西背诵给父亲听。

一次，父亲在听她背诵的时候，发现盲文字块儿上满是殷红的血。等她背完，父亲一把拉过她的手，这才发现她的十指都已经磨破。父亲把她的双手攥在自己的手里，禁不住号啕大哭。

父亲说："女儿呀，咱不学了。爸爸有工资，爸爸可以养活你一辈子。"她没有哭。她反而笑着安慰父亲说："爸爸，你一定要相信你的女儿，我能行！"

一天晚上，她一个人偷偷地跑出了家。父亲很着急，四处寻找。最后，父亲在她工作过的教室里找到了她。

学生已经放学了，教室的灯光已经熄灭。她一个人站在讲台上，反复地用手丈量着黑板。父亲站在教室里，默默地看着黑暗中的女儿，心里一阵阵地酸楚。父亲知道，女儿这是准备重返讲台呀。直到她准备离开的时候，父亲才走上前，牵着她的手。

她很高兴，她说："爸爸，我成功了，我已经找到板书的方法了！"父亲说："你是一棵能够飞翔的大白菜，你一定能够成功的！"

她终于重返讲台。她的板书依然那么规范、飘逸，她的发音依然那么准确、清晰，她的多媒体使用依然那么丰富、绚丽，她的形象依然那么风度翩翩、笑容可掬。

一切都与生病前没有什么两样，以至于上了两个星期的课，同学们还不知道他们的老师已经双目失明了。终于，有同学发现她拄着盲杖在校园里行走，同学们这才知道了她的不幸，这才知道她为了上好每一堂课所付出的艰辛和努力。同学们感动得哭了，而她却笑了。她笑着讲述一棵大白菜的奋斗历程，鼓励同学们珍惜时光。

她的名字叫杨佳。杨佳学会盲文后，利用电脑盲文软件，踏上了事业的快车道。她以盲人的身份考上了美国哈佛大学肯尼迪政府学院公共管理专业，并获得了哈佛MPA学位。

现在，杨佳任联合国残疾人权利委员会副主席，中国第十一届全国政协委员、中国盲协副主席。

这就是杨佳，一位成功的盲人，一棵飞翔的大白菜！

她的成功正如她在演讲中说的那样：一个人可以看不见，但不能没有见地；可以没有视野，但不能没有眼界；可以看不见道路，但不能停住前进的脚步！

小小的
善事

雪花在城市的上空欢快地舞蹈，寒风在四处流浪。受天气影响，一家小百货商店里没有一个顾客，女店主无所事事地为自己的双手美容，修了修指甲，又涂了红色的指甲油，然后望着漂亮白皙的手陶醉了。

这时，店门上厚重的棉门帘被掀开，一股寒流裹着一位妇女和一个十六七岁的少年进入店里，他们身上陈旧且笨重的衣服上堆了不少的积雪，看上去是一对母子。女店主从自己修长的手指上移开目光，热情地迎向她大半天才等来的第一批顾客。

母亲问有没有手套卖。女店主说有，便热情地介绍有羊皮的、绒线的、针织的。母亲说拿几双男式手套看看。女店主很快把几种男式手套摆在了他们面前。母亲和少年左挑右选，逐一问明价格。好一会儿，少年说："妈，就买一双绒线的吧，便宜些。"母亲说："天这么冷，你的手都冻裂了，还是买羊皮的吧，羊皮的既暖和又好看。"她选了几款羊皮手套一一给儿子的左手戴上，看了看款式，试了试大小，惟有一款不大不小正好合适，母亲便说："挺好，就买它了。"一问价钱，146元一双。

母亲便解开上衣衣扣，从贴身的衣兜里掏出一摞零钱，先是10元，后5元，再2元、1元，直到硬币一一点给女店主，结果钱不够。母亲说："姑娘，我还差5元钱，能不能便宜一点儿，这5块钱就算了？"

女店主一口回绝说："不行，一双手套本来就赚不了几个钱，我一上午才等来你们这么一个买主，你再少给5元，我今天吃什么？"面对这位母亲几近哀求的游说，女店主始终无动于衷，一分钱也不肯让。儿子见母亲为难，说："妈，就买绒线的吧，还能省好几十块钱。"

母亲固执地说："不，我不能委屈了你的手。"她见店主不肯降价，又试探着问："姑娘，我钱不够，能不能给一半的钱，你卖一只手套给我？"

女店主十分纳闷："哪有买一只手套的？"

母亲解释道："哦，是这样……我儿子原来的手套丢了一只。"女店主直摇头："绝对不行！剩下的一只我卖给谁？"母亲无奈，便遗憾地从儿子左手上脱下那只羊皮手套，放在货柜上，对儿子说："咱们到别的店看看吧。"她拉着儿子向店门走去，当他们掀开厚重的门帘时，一股冷风"呼"的一声灌进店里。女店主忽然发现，被冷风掀起的少年的右手衣袖，像一只黑色的塑料袋软绵绵地飘荡着，原来这位少年压根儿就没有右手。

女店主陡然一惊，身上的某一处神经被深深触动，就在他们迈出店门的那一瞬，她大声喊道："请等一等！"母亲和少年回过头来，女店主说："我卖给你们一只手套。"

母亲付了73元钱，让儿子心满意足地戴上了一只羊皮手套，然后千恩万谢而去。

女店主再次端详自己的双手，那双手健康而且修长。她猛然发现，这双可以创造无数财富和人生意义的手是多么宝贵，尤其那些失去了一只手的人，剩下的一只手更需要加倍珍爱和精心呵护。

唯利是图与富有同情心是人性的两个层面，一个死抠的是价钱，一个展示的是价值。女店主虽然赔了钱，却感到十分欣慰。人往往挣再多的钱都没有满足的时候，而为行一件小小的善事，却会感到极大的满足，这便是价钱与价值的区别。

爱就是
一种宽容

　　居住于南京的作家叶兆言，其实是个很没故事的人。他既不抽烟，也很少喝酒，更没有丁点绯闻去让媒体炒作。作为文学世家，从他爷爷叶圣陶开始，就形成了对人对物一向低调的家风，生怕坏了自己的清名。对于爷爷和父亲，叶兆言一直有种挥之不去的"敬畏情结"，留下了许多关于父亲的文字；但面对渐渐长大的女儿，身为父亲的他，又常处于一种不知所措的爱恨交织的感情之中。一方面，他一直用自以为是的"理论"管教女儿；另一方面，女儿则在潜意识里与父亲进行着多方面的抗争。直到有一天，看过女儿临出国前交给自己的日记本，叶兆言在震惊之余开始反省自己的父亲角色。

[女儿写给父母的心灵日记]

　　2000年8月，16岁的叶子作为金陵中学参加AFS国际交流的学生，要去美国读一年书。临出国的前一个月里，叶兆言夫妇总被一种紧张的情绪包裹着，今日想要买些啥，明日又盘算着还得备些什么东西，可女儿呢，整天像个没事人似的，喊她干什么，她就硬和父母对着干，而且晚上很晚才睡，早上则总睡懒觉，还一个劲地看无聊的电视节目，然后便大谈歌星。凡此种种，都让叶兆言很是"上火"，于是父女俩每天的争吵逐渐升级。对此，叶子在日记中写道——

亲爱的爸爸：

从刚才开始，我一直在想，今天该写什么。可惜你今天没有大闹，那么，就谈谈你每天的小闹——闹我起床吧。

我每天晚上都是凌晨1点多睡，早晨一般8点30分开始就要接受你杀猪般催我起来的号叫，我的耳膜早已千锤百炼了。你是否知道一个人睡觉时的满足，那种舒适，那种安逸，那种甜甜的醉了一般的感觉，是一个只有名义上减负的中学生日夜渴求的，可是种种压力迫使这种美好的感觉总在刚刚萌芽后便告夭折。每天我总带着满嘴的臭气，满肚子的火气，满脸的鼻涕，愤怒地爬起来，半睡半醒地做我的僵尸梦！我从没有半夜起来上厕所的习惯，所以，不要因为你把我喊起来而得意万分。这不是你的功劳，而是我的膀胱承受不住了。

下面是写给妈妈的。亲爱的妈妈，有这样一首诗："慈母手中线，游子身上衣。临行密密缝，意恐迟迟归。谁言寸草心，报得三春晖。"记得初一刚入校，听到班上一男生背这首《游子吟》，觉得有点矫情。在我的脑子里，男生要么别做书呆子，要做书呆子也得有志气，应该背曹操的《观沧海》才对。偏偏我是丫头，该矫情的地方，想不矫情都不行。说实话，今天有个女同学和我告别，她眼泪都要下来了，我却一点也不悲哀，我想哭的日子在后头呢。妈妈，如果我在临上飞机前没有哭出来，你千万别伤心——这种可能几乎是零，除非我吃错了药。说实话，电影里的母爱都不是真的，不吵架的母女不会有太深的感情，因为在深恨一个人的同时，又发现自己在爱着这个人，这才是情感，才是一种正常的富有情趣的生活。在以后的一年里，你会充分体会到这一点的，所以，我不会说希望你和爸爸一年不吵架之类的蠢话。

今天，我新买了钱包，回家后的第一件事，就是把你们的一张特傻的合影放在一打开就能看见的地方。看着，看着，我就想哭。我过去真自私，只想在皮夹里放自己的照片。我想，以后我也会放我男友的，可在接下来这一年中，你们占据了这个位置——一个一丝不苟的父亲和一个傻兮兮的母亲。别生气，我爱你们！

[女儿挨打后记下的只有宽容]

有一天，叶子去买东西，路上丢了一顶帽子，叶兆言很生气地让她去找回来。当时的叶兆言不是心疼帽子，而是觉得自己

女儿好像什么东西都不知道爱惜，出国后会为此吃苦头的。叶子
见父亲如此唠唠叨叨，情绪也变得非常蛮横，嚷道："让我出去
找帽子，怎么可能！"父女俩于是大吵起来。吃饭的时候，父亲
和女儿都很不开心，彼此板着脸。吃完饭了，叶兆言对叶子说：
"你今天洗碗。"本来就一肚子火的叶子很不耐烦地说："我今
天就是不洗。"然后转身进了房间，并把门反锁了。叶兆言气得
起身去打门，叶子就是不开。当爸爸的因此气得手直抖，冲叶子
妈嚷道："钥匙呢？钥匙呢？"门开后，两声清脆的巴掌声随之
响起。

在日记中，挨打的叶子却用文字表达了自己对父母的宽容——

亲爱的爸爸：

今天，你打了我，差不多是我长这么大以来的第一次。我今
年16岁，16年来你没有打过我，但却在我已经16岁时这么做了。
我很难过，因为我不知道自己怎么糊里糊涂就挨了两巴掌。如果
在以前，我一定会把你恨得要死，可今天，我却还能心平气和地
坐下来，给你写信，因为我发现你要的是形式，而不是结果。

今天你在踢门时，我其实心里很紧张。我想起有个同学将自
己反锁在屋里，对门外的她妈大叫道："滚，滚远一点！"换在
平时，我一定也会大吵大嚷，但今天，我想的却是：这是早晚的
事（一个家长告诉别人自己从未打过孩子，没人会相信，即使信

了，也会觉得是对孩子的过分溺爱）。打就打了吧，躲了今天躲不了明天。

当你铁青着脸，指着我说："告诉你，不要以为从来没打过你，就不会打你……"我连感到心寒的时间也没有，因此我一直不让自己哭得声音太大。今天这件事，我觉得自己很可怜，因为我一点面子也没了，你又打又骂，最后还让我洗碗。我觉得很丢人，有一种"偷鸡不成蚀把米"的感觉。我觉得自己没有犯大错，却换来挺重的惩罚，于是，我一直不讲话。知道吗？我觉得这样可以保存点面子。

晚上看电影《乱世佳人》，见白瑞德对女儿宠爱无比，我泪水就流出来了。后来他女儿骑马摔死了，白瑞德悲痛欲绝。我一下子觉得，其实你对我也很好，只是表达方式不一样吧。

今天胳膊上被你打过的地方挺疼的，肉一条条地都鼓起来了。我一边洗碗一边想，明天出门后，我跟别人解释说是在楼梯上摔的，别人肯定不会相信。不过，好在现在已不那么疼了。

亲爱的妈妈：

今天爸爸在打我时，你不该在一旁煽风点火，我很不喜欢你这样。如果你帮着我说一点话，今天我说不定就可以少挨几巴掌。你应该向《乱世佳人》里的媚兰学一学，做一个宽容而博大的女人。当然，这个要求是高了点。算了，不提了。

[女儿教双亲学会替自己操心]

叶兆言虽不是个严厉的父亲，却是个唠唠叨叨的大人。女儿出国在即，他的情绪始终紧绷着，一见女儿看报纸的娱乐版，或把电视频道锁定在无聊的肥皂剧上，嗓门立刻会大起来，动不动就把叶子弄得泪眼汪汪的。甚至，为把护照放在哪里的问题，他们父女俩也会争得面红耳赤，而这一切竟都源于叶兆言对于女儿独自远行的不放心。

对此，叶子在日记中这样安慰父亲——

亲爱的爸爸：

刚刚为了整理包裹还吵得不可开交，可你在叮嘱我怎样进机场时，竟是那么仔细。我挺难过，以后的11个月里，再没有一个人会这样苦口婆心地教导我了。等真进了机场，我一定会哭得很失态！

明天我就在地球的另一端了，我们之间将隔着一个太平洋。在以后的11个月中，你和妈妈必须适应没有我存在的日子，到那时，你们就知道心里苦了。

我希望你们要特别特别注意安全。从上海回来千万别走高速路，那样好危险的，别光图快，还是安安稳稳地坐火车吧。平时注意交通安全，骑车时要慢一点，游泳时悠着点儿，散步时少从高楼下走。每天临睡别忘了锁门、关锅灶。还有，最好买一个灭火器放在家里。

总之，你们都不小了，要学会为自己操心！

还有，你现在脾气特不好，像是处在更年期，所以对于同样火爆性子的老妈来说，还是忍着点儿吧——忍一时风平浪静，退一步海阔天空。

还有，有一点浪漫是男人（你不介意我用此词吧？）的必备武器，很有用的。这点教是教不会的，首先需要男性骨子里有感性意识，你如果能做到，困难会大了点，不过，重要的是过程，而不是结果嘛，意思到了就行了。注意劳逸结合，累了就歇，劝老妈也这样。还有，你必须为家里请个钟点工，尽管你们是两个人，可房子一点也没变小呀。另外，也别搞得我们家请保姆像是为了我一样。

这是我这册本子里最后一篇写给你的信！别看你一会儿就看完了，我可是写了好久，算算写给你和妈妈的加起来，应该不少于18000字了，还是蛮多的。我为此感到很满意，对我这样一个懒人来说，这可是个不小的业绩。

我不知道应该以什么样的话收尾，废话已说了好多。

那就用句最俗的：爱你一万年！

[父母和孩子，谁比谁更懂事]

叶兆言夫妇做梦也没想到女儿叶子会留下如此美丽的一本日记。作为父母，他们总觉得女儿不懂事，可女儿日记上所记的内容，让他们明白了，其实真正不懂事的，是一些自以为是的大人。叶兆言曾一再感叹，他觉得女儿没什么爱心，因为在现实生活中，差不多都是父母在为她服务，包括帮她叠被子、帮她倒水、半夜里起来帮她捉蚊子、强迫她喝牛奶等等。也许正因为这些本能的爱已有些畸形，便忽视了一个最简单的事实，这便是女儿已经长大，她不再需要婆婆妈妈和唠唠叨叨，她需要的是另一种关爱，即理解。叶兆言不得不说自己真的深为女儿所感动，因为女儿在日记里表现出的那种爱和宽容，那种对父母的理解，让他无地自容。叶兆言感慨："大人真不该总是以居高临下的态度看待孩子眼中的一切。学无先后，达者为师，试着和孩子们在同一起跑线上走未来的路，家长会更早地赢得他们的尊重和欣赏。"

后来，女儿叶子在美国的很多表现也让叶兆言咋舌，尤其无法理解的是，她每天都坚持游泳4小时，多的时候，一次竟能游8000米，而且没有任何功利目的，既不是为了比赛，也不是为拿学分。叶子告诉父亲，美国人是崇尚运动的，游泳能令人保持一种积极的状态。

而自从美国学习回来后，向来心高气傲的叶子也学会反思了，这对叶兆言触动更大，因为女儿以前从不向人低头认错，现在只要是她做错了什么便会说："我很抱歉，我很愧疚！"这一点，既让叶兆言特别高兴也有点惭愧，为保有作为父亲的权威，他即使做错了也从不向女儿道歉，看来女儿已先他一步懂得了"尊重"一词所彰显的人格魅力。

　　面对女儿的转变，叶兆言如今常说："我正和女儿一起改变，一起成长。小女曾说过，我这个当作家的父亲让她还没有学会欣赏之前，就先教她学会了批评，这一点真让我汗颜。所以奉劝天下父母，多给孩子一点赞美，让他们从小就会欣赏世间的一切。父母对孩子的爱是没原则、没是非的，对于父母，孩子无论成功与否，都要接受。能不能出人头地，是他们自己的事，各人头上一方天，没必要强求小孩干什么。人生是一步一步走出来的，能把每一步都走踏实了，这就很好。"

06

给予是
一种幸福

举手之劳，
不必客气

那年冬天，我经历了一场刻骨铭心的失恋，为了生存，也为了给心灵找一些慰藉，我在一家酒吧里吹萨克斯。

每晚八点，当悠扬的萨克斯声响起的时候，我总会看见酒吧阴暗的角落里，坐着一位珠光宝气的五十多岁的妇人，她每次总要一杯鸡尾酒，点一根烟，透过缭绕的烟雾看着我在台上吹奏，在我每一次演奏结束，又悄悄地驾车离开。她几乎每晚如此，准时来准时走，神秘而不可捉摸。

一个很冷的雨夜，酒吧里冷冷清清，顾客寥寥无几。当我演奏结束收拾乐器准备离开时，神秘妇人推门进来，脸上挂着一丝疲惫和焦急。

"先生，能不能再为我吹一曲呢？"妇人满面恳求的脸色。

我是来酒吧赶场的，下面是摇滚的时间，不可能再安排萨克斯演奏，为了不让她失望，我对她说：我们去门外吧，我帮你再吹一曲。妇人满脸感激地笑了笑。外面下着雨，我站在屋檐下尽情地吹着，妇人在屋檐下静静地听。雨丝夹着冷冷的夜风吹进屋檐，打在妇人的身上，她却一点也不知觉，好像沉醉在某种回忆里。悠扬的萨克斯声在雨夜的上空久久回荡，妇人像雕像般竖立着，一动不动。

当音乐停止时，妇人掏出一百元钱递给我。

"举手之劳，不必客气。"我连忙推辞，我的内心非常激动，在这寒冷的雨夜里，还会有人赶来特地听我演奏，我说什么也不肯收这个夜夜为我捧场的忠实听众的钱。

"不，我替我儿子付的，我付给艺术。"妇人说完又掏出一张名片："上面有我的地址，如果有空，从明天起，白天到我家去演奏，酬劳一天一百元。"妇人说完钻进汽车，消逝在霓虹灯和雨幕深处，留给我满脑的唐突和惊愕。

天下没有掉下来的馅饼，一天一百元，比酒吧的工资都高。她肯定别有企图，也许，她很寂寞，正找寻掉入"陷阱"的猎物，现在社会上不是流行富婆包"二爷"吗？犹豫了片刻，我还是挡不住金钱的魅力，我想先去试几天吧，如果她欲图不轨，我再抽身走人也不迟。毕竟因为贫穷，我的爱情曾经随风飘远。

第二天，我按照名片上的地址按响了那幢别墅的门铃。门开了，别墅里只有妇人一个人，豪华的客厅里到处弥漫着艺术的气氛，墙壁四周都是音乐家贝多芬、肖邦等的雕像，客厅的角落里有一只乌黑锃亮的萨克斯，一尘不染静静地竖立着。第一天很平静地过去，我奏乐，她把身体埋在沙发里出神地听着，似乎沉浸在一片对往事的回忆里。第二天也很平静。第三天妇人的眼睛随着悠扬的萨克斯声的起伏开始流露出异样的光芒，那种目光扎得我身如芒刺。为了掩饰内心的慌乱，我转过身，尽量不面对她。我在想：狐狸终于露出尾巴，开始还假装正经，我可不想当"二爷"。演奏结束后，妇人从沙发里站起来，冷不防从背后抱住了我，吻了我的额头："孩子，我想你呀！"

"无耻！"一种屈辱感直冲我的脑门。我转过身去，巴掌结结实实地打在这位可以做我母亲的女人脸上。"我卖艺，但不卖身。"说完我夺门而出，连萨克斯也没有拿。门外下着雨，这是一个阴雨连绵的雨季。回想起刚才的一幕，我的心早就开始下滂沱大雨了。没有了萨克斯，我就无法再回酒吧演奏。一个雨夜，当我花完身上所有的钱，我终于鼓足勇气按响了那幢别墅的门铃，我不乞求工资，我只想要回我赖以生存的萨克斯。门开了，出来一位十七八岁的女孩。

"你找我姨妈？她已经去世了，不过她有交代，有人来拿萨克斯，请把这封信转给他。"女孩说完递给我一封信。

信里装着我三天三百元的工资，还有一段话：

我的儿子音乐学院毕业，也会吹一手萨克斯。一场车祸使他离开了我，如果他没死，也有你这么大了，我没有别的意思，我只是想吻吻我的儿子，他离开我太久了……

女孩说：姨妈患有轻度精神分裂症和胃癌，她多么想再听听萨克斯的声音，你走的那天，姨妈就跳楼了。

　　凄冷的雨夜街头，我突然抱起萨克斯，朝着天空拼命地吹了起来。

我和妻子

我和妻子琼在得克萨斯州圣安东尼奥附近的一个农场度假。3天来，我们打网球，从早上打到日落，有时也打几局高尔夫球。晚上在篝火旁，和朋友们围坐在一起讲故事。

第四天，琼的腿开始瘸了，髋骨也很疼。

回到纽约两天后，内科医生杰克安排放射科医生给琼做透视。她在X射线透视室里呆了约摸一个半小时，然后我们在诊室等结果。

医生回来了，他对琼笑笑，说底片没干，还得再等等。而后，对我说："西门先生，我有事和你商量。你能进来一下吗？"

我冲琼耸耸肩，跟着医生进了后面的X射线透视室。他指着底片上硬币大小的一块灰白色说："这是她的左髋骨，这一块让我很担心，看起来像是小肿瘤，可能是良性的，但只有做了活组织检查才能确定。"

我和医生出来的时候，琼仍坐在那儿。医生字斟句酌，把刚才对我说的意思告诉了琼。他要预约利诺斯山医院，做活组织检查。

那是1971年，是一个谈"癌"色变的年代。我很紧张，但我相信琼不会有什么大事的。我们结婚19年了，她一向都很健康，也一直都很美丽，一切都和我刚认识她时一样。

晚饭时分，我们对两个女儿——埃伦和南希——只字未提，我们不想让孩子担心。琼只是说，第二天她们放学后，她要出去，她要检查"恼人的左腿"，仅此而已。

第二天，我和琼的母亲海伦在利诺斯山医院的候诊室等着，医生出来把我叫了进去。

"情况不妙。"医生说道。

"什么意思？活组织检查？"

"还没有做活组织检查，我就发现她乳腺上有一恶性肿块。是癌症，已经转移了。"

这个消息突如其来，让我猝不及防。耳边只有一个声音，"还有一年的时间，最多一年半。"

我仿佛一下子坠入了万丈深渊，眼前一片昏黑。我不能呼吸，忍不住落泪了。医生把手放在我的胳膊上说："很抱歉。"

"她知道了吗？"我问。

"我告诉她是乳腺癌，没有告诉她还有多长时间。这是医院的事，更是一个家庭的事。"

"我怎么对她说？"

"我倒愿意给她一些希望，不要让她知道得太早。如果我是你，我会说她的癌症发现得很及时，完全可以治疗。如果可能的话，暂时不要让孩子们知道。当然，一切都由你自己决定。"他还说他会"尽可能地延长她的生命。"

琼被推进了房间，医生进来了。我看见海伦站在大厅里，对她隐瞒事实真相是不公平的，并且，我也自知，我不可能一个人承受这一切，我需要一个同盟军。

海伦的眼睛直盯着我，我的眼泪夺眶而出。她抽泣着一遍一遍地说："我知道的，我早就知道了。"

我把一切都告诉了她，包括医生的处理意见。"这是我们两个人的秘密，"我说，"我不想让其他人知道。不能让埃伦知道，也不能告诉南希，除非万不得已。"

她点点头，医生叫我们去琼的房间。琼躺在床上，脸上溢着微笑，她对未来充满希望。"医生说他们发现得早，"她说，"他们完全可以治的。真的太好了，是不是？"

我点点头，吻了她。我依然相信，不管现在如何，琼都将创造奇迹。

琼开始做放疗。几周过后，她的疼痛减轻了，精神状态也越来越好。我养成了一个习惯：永远保持良好的状态，我不知道自己是假装的还是确信她的状况确实如此。谎言成了事实，并不是的的确确的事实，但唯有它才能支撑你一天天生活。

我在家修改自己的新戏——《阳光男孩》，我要让它占据我几乎全部的思想。只有坐在打字机旁，我才能暂时放松一下。琼躺在床上写诗——差不多20年了，大学毕业后，她就再没有写过诗。

我很想为她做点儿什么，来转移笼罩在她心头的阴影。我记起了她一直想要的梦中别墅。

我们在纽约的贝德福有些朋友，距这座城市开车约需一个小时。我租了一辆车前往，跟琼说我那天要开一个关于电影拍摄计划的会。

我走进房产办公室，还不到一个小时，我已经看了12所房子。下午，我们走进林木地区，小圆丘上有许多可爱的小房子。我看到小溪上有一座木头人行桥。穿过小桥，阳光照在湖面上，斑斑点点。"那是蓝色苍鹭桥，"代理人说，"我带你去看看。"

他引我穿过小桥，走到一个码头，码头边上有一个船库，一艘划艇系在栏杆上，湖看起来无边无际。

我几乎没有看房子就表达了想买房子的愿望，然后回到他的办公室，签了一些文件。如果琼在这儿，谁知道会有什么奇迹发生呢？

驱车回家的路上，我想：琼连看都没有看，我就把房子买下来了，她会怎么想呢？这可不像我的处事风格。我走进卧室，掩饰不住的笑意挂在脸上。她笑笑："怎么这么高兴？"

"我买了一座房子，房子坐落在湖边。你会不会以为我疯了？"

那一刻，所有的一切在她灿烂的微笑面前都黯然失色："我真不敢相信！你说的是真的吗？"

整整一个晚上，我们都在谈论那座房子，南希和埃伦一阵狂喜。关灯时，我自问：她知道我为什么要这么急着买房子吗？但即便是有所怀疑，她满脑子想的也都是住在蓝色苍鹭湖的情景了，那湖的名字实在好听。

琼很少说自己的感觉。她从来不问关于她病情的事，我也很快学会了不再问她"你感觉怎么样"之类的问题。离开手杖，她寸步难行，我看得出来，她不想让我帮助她。尽管如此，每每她上楼梯时，我的手总在她的胳膊一英寸远的地方。

又一次请肿瘤专家诊断后，我对诊断结果丝毫没有思想准备。

"嗯，西门先生，情况很不错，肿块正在消失。"

一丝微笑掠过琼的脸庞。我几乎不敢相信自己的耳朵，这是真的吗？癌症消失了？

我不知道这一天我还该相信什么，我只知道，那天，阳光灿烂，我要和琼去看贝德福的房子，她是第一次去。我们到达的时候，她激动的神情溢于言表。"我一会儿带你去看房子，"我说，"先去看看湖。"

琼站在码头上，看着船库和水面。从她的神情，我看得出来眼前的一切将她带回了她最快乐的时期：她在波克诺山中长大，晚上划着小船出去，在冷水中游泳。

"我真想扔掉手杖，"她说，"我要在湖里游泳。我要抓住最大的鱼，做晚饭的菜肴。"

她确实这么做了。

夏天到了，琼带着埃伦和南希乘船去钓鱼，把自己童年时代的所学教给两个孩子。下午，我们打网球，她击球又狠又快。"打死！"她嚷着，"要怀着必胜的勇气打球！"

看到她这个样子，我真高兴。她扔掉了手杖，她的腿也不瘸了。我们又恢复了先前的生活。是上帝把病痛从我们身边带走了吗？

夏天快要过去了，琼还没有任何癌症的症状。我们去曼哈顿，我开始排演《阳光男孩》。我很高兴自己没有告诉埃伦和南希这段日子琼和病魔的斗争，我暗暗祈祷：我永远不用告诉她们这些。

戏公演的时候，我和琼带着两个孩子去佛罗里达。突然，她的腿又一瘸一拐了。上台阶时，她紧紧地抓着扶手，呼吸越来越困难，脚步也越来越慢。几天后，疼痛加重，她不得不再一次靠手杖走路了。

在曼哈顿，她又开始做放疗。琼只说是"治疗"，绝不用"放疗"一词。但孩子们好像开始接受事实了。

终于，一个周末的夜里，琼转身对着我，小声说："我好害怕。"我很想安慰她，但我们都知道，我能给她的最好的安慰就是紧紧地抱着她，让她在我的怀里入睡。

琼的健康状况没有好转，但放疗减轻了她的疼痛。春天到了，温暖的阳光，清新的空气，使她的脸庞又红润了。她又有了笑容，却不是这些年来我已经熟悉的笑容。她的笑容反映了一种态度——不是纯粹的接受，而是理解，就好像是她和某人签了一个条约，她必须履行诺言。

我看到她和年仅10岁的南希在林中散步，同时告诉南希，当一朵鲜花枯萎时，它肯定会回到一个新的地方。她是在用自己的方式告诉南希我不能说出口的话。

听到她疼得大叫时，我正在房间外面。我冲进卧室，看到她已经不能动弹了。我帮她躺到床上，然后打电话给杰克医生，他说应送她去利诺斯山医院。

我打电话叫了救护车，琼让我电话通知她的母亲。医院的医生告诉我琼要在医院住一个星期。

两个星期过去了。一个月过去了。我在大厅里遇到杰克医生，看得出他神情忧郁。

"情况到底怎么样？"我问道。

"癌细胞像野火一样扩散到她的全身，"他说，"速度太快，我们没法进一步治疗。我们会尽力让她舒服一些。咱们都不要放弃希望。"

琼不愿意见任何人，包括家人。即便是我，要进她的房间，也得先敲门。护士把门打开一条小缝，小声说："琼需要几分钟做准备。"

"见我也要这样？"

"尤其是你。"

门开了，琼坐在床上，尽最大努力笑着，头发扎在后面，是我第一次见到她时她梳的马尾型。她会和我谈两个女儿，我的工作，甚至会说起她出院后的计划。

一天晚上，我和埃伦坐在家里的餐桌旁。15岁的她盯着我，一副担心的面孔。"我早就该告诉你的，"我说，"你知道，妈妈是真的病了。"

她点点头。"我不知道她还能坚持多长时间。医生说可能到8月，甚至——"

"我知道她病了，我知道她就要死了，我只是不知道什么时候。"埃伦的眼里溢满了泪水，我把手伸过去，握住她的手，她所有的痛苦在一瞬间倾泻而出。我对她说，我不打算跟正在夏令营的南希说这件事。

床头柜上的电话铃响了，那是7月11日凌晨3点10分，一个声音很委婉地告诉我：琼在睡梦中去世了。

她只有40岁。

我坐在床上，尽力让自己平静下来，然后叫醒了埃伦。一切远比我们预料的来得快得多，但我还不至于完全崩溃。深深的失落感是后来才感觉到的，太阳升起来的时候，你突然意识到，这崭新的一天，以后你生命中的每一天，都将是没有琼的日子了。

我找人把南希从夏令营接回来。这天，我才把一切都告诉了她，可太晚了。在所有的痛悔中，我最遗憾的事就是没有早一点儿告诉她。以后的几年，她总是说，她很生气，也很疑惑。但她没有责怪我。

我们从墓地开车回家，琼的母亲坐在两个外孙女中间。我看着她们的脸，看着车窗外的乡村景色疾驰而过。我46岁了，两个女儿年纪尚小，我有一种空荡荡的恐惧感。我们唯一拥有彼此。

给予是
一种幸福

老人瘦，他的皮肤和骨头之间似乎没有任何过渡，脸也是。而且他的头颅特别大，大得有些不成比例。他这样的一个人在村子里是特殊的，好像是饥饿了多少年了。

在村子里，老人说不上有好的人缘儿，当然也说不上不好。人们有时就议论他年轻时候的事情。年轻时老人当过兵，老人当的是国民党兵，那会儿他就瘦。后来在一次战斗中老人让解放军给俘虏了，成了俘虏的老人换上一套解放军的军服，把枪口一转，参加了解放战争。几年下来，他竟然升了排长，还入了党。

他就是这么瘦着转业回家的。回来后老人还担任过村子里的干部，最风光时做了村支书。动乱时代他少不了也受很多苦，挨过很多批斗。有人说他骨头软，是图着国民党兵吃得好穿得好，是想使自己胖起来才去参加国民党军队的。可老人说那会儿日本鬼子来咱中国，谁当兵不是为了打小日本儿?又有人说老人参加解放军是投机钻营，眼看共产党要得天下了，他才投靠了过来，好当官吃白面馒头。老人更不承认，尤其不承认自己的骨头软。可那些个造反的用棒子什么的一天敲他几回，终于把他的一条腿给敲断了。

断了一条腿的老人就不敢再在公开场合说自己的骨头硬了。是啊,如果是硬的话,怎么能让人家给打折了一条腿呢?连他自己都有些羞愧。四人帮倒台后,上面让老人继续做村支部书记,老人死活不干,说自己这骨头,只怕经不住再一次的打击了。

他真的就没再做支书。

老人七十多岁的时候,已经进入二十世纪九十年代了。别看他人瘦得不像个人,身体却没有病。他闲不住,田地里农活忙时他就在田地里,到了冬天他就拎着筐子出去拾牲口屁股下的粪便。那是田地里最好的肥料,老人种田,认这个。

村子西边有一条公路,那上面经常有马车经过。老人去那里成了一种习惯,一天他能拾两筐粪回家,这样一个冬天拾回家的也足够自己的土地用了。晚年的老人是个胆小的人,在村里人眼里也就成了一个软骨头。可就是他,在这一年冬天却做了一件轰轰烈烈的大事来。

这一天老人和往常一样,早早地就出来拾粪了。他沿着公路往前走,公路翻过一座山就不见了。老人一般也都是拾到半山腰就往回走。这天是雪后,路面比较滑,一辆载了几十个人的公共汽车爬到山顶时轮胎突然一滑,刹车刹不住了,就向下很快地滑过来。这个坡比较陡,更可怕的是公路的一边就是二十多丈深的悬崖。如果汽车跌进悬崖,后果不堪设想。但车上的人都毫无办法，只能眼睁睁地等待死神的降临。用车上人的话说，这一回他们死定了。

正好那时老人拾粪拾到了这里，他眼看着一辆载满了人的公共汽车向下滑来，心里一怔。他的腿本来是跛着的，这时却好像是强壮着的。他丢下手里的拾粪工具，抱起两块石头迎上去，急忙把石头垫到车子的后轮胎下面。可路滑车重，那两块看上去挺硬的石头竟然被碾碎了。车子继续往下滑，眼看着就要滑进那二十几丈的深渊。

汽车司机是个身强力壮的中年汉子，他一直在车上努力着刹车，从反光镜里看到一个老人在帮他止住后滑的车辆，这让他心里多少轻松了一些。可是老人垫上去的石头都碎了，汽车继续向后滑去。老人的手里空空的，而周围又没有了可以用来垫轮胎的石头。司机看着越来越近的悬崖，他知道最最可怕的时刻到来了，这时他根本就没有了任何可以想的办法，他只有闭上眼睛……

奇怪的是等了一会儿，并没有等来死亡的那一刻，因为汽车竟然停止了后退，停止了下滑。司机小心翼翼地打开车门跳下车子，慢慢走到车后。一时间司机惊呆了，他看到了他永远也难以忘怀的一幕。跟随着司机纷纷跳下车子的旅客们也都同时看到了。

是一个老人，他把他自己横在了汽车的后面。只见他的硕大的瘦瘦的脑袋垫在一只车轮胎下，他的两条腿则垫在另一个车轮胎下面。他是用他的身体阻挡住了车子的下滑！而后面，再有不到一米，就是那个令人恐怖的深渊……

没有人知道这个老人的骨头为什么会这么坚硬，也没有人知道这个老人为什么要用他自己来挽救车上的人。他们饱含着热泪，用尽身上的力气把汽车往前推开了。然后，他们都围跪在老人的周围。他们知道，他们以后的所有的一切都是这个老人给予的。只是他们不知道，这个老人，在村子里，是让人说成软骨头的。

有勇气
就前进

1781年，斯蒂芬逊出生于英格兰北部一个叫华勒姆的村庄。父亲是煤矿工人，母亲是家庭妇女，两人都不识字。

斯蒂芬逊和他的父母一样，从未上过学，八岁时就去给人家放牛，十岁时在煤矿上做些零活，十四岁就跟随父亲到煤矿上工。由于家境贫困、出身低微，斯蒂芬逊的童年是在嘲讽中度过的，可他从不把嘲弄当回事。

在煤矿，斯蒂芬逊经历了最艰苦的劳动，于是他下定决心，一定要发明一种能够不用人力运煤的机器。1801年，英国人特勒维制造出第一台蒸汽机车。这部机车在试车时不是在铁轨上，而是在马路上。很多人嘲笑特勒维说："你的火车还不如我的马车跑得好呢。"特勒维一生气，便不再去研制火车了。

斯蒂芬逊却来了兴趣，于是他找到特勒维，要跟他学习研制火车。特勒维说："你如果不怕被人嘲笑，就一个人去研制火车好了，我是再也不会干这样的傻事了。"斯蒂芬逊想，煤矿上的蒸汽机能把深井里的水抽上来，特勒维制造的机车能拉动十几吨重的东西，这力量是从哪里来的呢？他仔细观察，反复思考，悟出了其中的奥妙：火车拉得多、跑得快，全靠"大力士"蒸汽机。

为了掌握蒸汽机的原理，斯蒂芬逊不怕吃苦，长途跋涉，步行1000多公里，来到瓦特的故乡苏格兰，在那里学习研究了一年。斯蒂芬逊在总结和掌握了前人制造蒸汽机车的经验教训以后，终于在1814年制造出了他的第一台蒸汽机车"布鲁海尔"号。

同年七月，斯蒂芬逊进行了第一次试车。这辆火车头运行在平滑的轨道上，载重30吨，牵引着8节车厢，行驶时不会脱轨，但行驶的速度很慢。由于没有装配弹簧，车开起来，震动得很厉害。

有人讥笑斯蒂芬逊："你的车怎么还不如马车跑得快呀？"有的人说："你那玩意儿拉东西不中用，可声音比打雷还响，把牛马都给吓跑啦！"一些原来赞成试验蒸汽机车的官员现在也开始反对了，断言用蒸汽机车做交通工具是不可能的。

斯蒂芬逊并没有因为试车的不理想而气馁，他又对火车头继续进行研究和改进。1825年9月27日，斯蒂芬逊制造的"旅行1号"机车，在斯托克顿·达灵顿铁路上试车。许多人都替斯蒂芬逊担忧，怕他这次的试车再遭失败，但更多的人在等着看他的笑话。

只见斯蒂芬逊操纵着机车，蒸汽引擎吸入大量气体，又放出部分蒸汽，呼呼作响，人们纷纷避闪，老人、妇女和儿童惊恐万分，都认为机车即将爆炸。观察了一会儿，见没有什么动静，才又走近观看。紧随这辆火车之后的是四节由马匹牵引的车厢，上面也坐满了工人，使众人清楚地看到了两者力量的优劣。

这就是世界上第一条公用铁路，而奔驰在它上面的火车，也就是当时轰动了英国和欧美的"怪兽"。这次试车的成功，使铁路运输登上了历史舞台。

然而依然有人惊恐万状。当时，就有美国一家报社发表文章反对火车的使用，但依然无法阻止火车的飞速发展，人类文明的车轮飞速前进。

在不幸中昂起头

"爸爸，我想你……"儿子说。

电话那头，在那个古老城市的一所脑病专科医院，儿子双手捧着听筒，靠在病床上大声说话，他的声音越过千山万水来到我耳边的时候，已经变得飘忽如烟。然而就是他那稚嫩而缥缈的声音，时时拨动我心灵深处最柔弱最易疼痛的弦，让我常常不由得捂住胸口。

儿子5岁，原发性脑瘫。极差的平衡能力、明显畸形的剪刀步态、僵硬的双腿，让他至今无法独立行走，无法像其他孩子一样，无忧无虑地奔跑在绿草如茵的田野上，尽情享受童年的快乐。然而他却能够不停地思考，从简单的"人为什么要吃饭"到显得难以理解的他"为什么不能像其他孩子一样"，他都有自己的解释。而我做得更多的是，给他讲故事，教他背唐诗。一年下来，他已经能背诵几十首唐诗，讲几十个故事。他用柔弱而善良的心灵去体验来自命运深处的悲欢离合、艰难苦痛，然后对我说出他的想法。说完后，一脸灿烂的笑，常常照亮整个家。命运对我也许是残酷的，让我和我的儿子不得不在苦痛中苦苦挣扎，然而命运对我也许应该是宽厚的，因为我不停地在儿子的笑声中感受生活的力量，生活也就在淡淡的疼痛中充满希望了。

针灸师把一根根长长短短的针扎在儿子的头上、腿上、手上。儿子大声哭叫，每扎一下，他的握在我双手中的小小的身子就要痉挛一下，但他没有拼命挣扎，他知道这是给他治病。然而，在他传递给我的痉挛和战栗中，我的心早已被那针扎得千疮百孔，鲜血淋漓。我默念，就让我用鲜血抚平孩子的伤痛吧！就让我用心血换取孩子的希望吧……

早晨阳光静静铺满山冈，恰若母亲轻柔的倾诉。在我很小的时候，父亲也曾牵着我的手，踏着结满露珠的青草，在淡淡的青草与泥土的甜香中走过山冈，而我，也带着期求长大的淡淡的彷徨无数次感受阳光的温暖——一种博大空旷的温暖。当我试着牵儿子的手走过那熟悉的山冈的时候，儿子却坚持要自己站在山冈上晒晒太阳。他吃力地支撑住身子，保持着艰难的平衡，一边还对我骄傲地喊："你看我，快看，爸爸……"葱绿的山冈上，空旷飘逸的阳光里，儿子只是小小的一点，而那一点、那一刻却似乎就是我的全部。他还是跌倒了，我要拉他的时候，他却愤怒地甩开我的手，要试着自己站起来。他站起来了，汗水和泥污掩不住他脸上骄傲而稚气的笑。他摊开双手，平平举起，任阳光在手掌上停泊、流淌、飘飞……

"以后，我也可以带他来这儿走走了。"我的父亲高兴地说，脸上露出久违的笑容。五十多岁的父亲在肝硬化的折磨中已经走过4年。4年里，他有足够的时间思考命运，思考生活，思考身内身外的一切，思考生命本身的意义。对生命的珍爱，对儿孙的关怀常常让他郁郁寡欢。尽管他已学会了静静等待，学会了平和地看待一切。爷孙俩走在小山冈上，一高一矮，两道阳光的剪影，在巨大的虚空里临风飘举。我恍然如梦。

我又能做些什么说些什么呢？

如果生命超于生存和俗世生活本身之外，我们负载生命的能力常常弱于负载苦难的能力。我感激儿子手掌上流淌的阳光，温暖我生命的阳光。

"爸爸，现在扎针的时候，我可以不哭了。不信，你问妈妈。"儿子说。我没有说话，泪水却已夺眶而出。

孤身一人在陌生的城市里带着儿子治病的，是我的妻子。她是农村中学教师，每周有近三十课时的课。尽管工作压力让她难以承受，她还是尽最大努力安排好我们小小的家，就像一只疲倦的鸟，在羽翼低垂、嘴角渗着鲜血的时候，仍然要呵护好自己的巢。劳累过度让她心力交瘁，在她走下讲台十小时之后，仅有7个月孕期的儿子便出生了。因为早产是导致孩子生病的主要诱因之一，她一直怀着深深的愧疚。当然，她也明白，这绝不是她的错。于是我们拉扯着孩子，相依为命。我常常想起蒲柏的那句话："一切都可以靠努力得到，唯独妻子是上帝的恩赐。"我也会想起《非常爱情》里，女主人公守着昏迷不醒的爱人唱的那首歌："爱人啊爱人，你是我眼泪里摇出的小船……"是的，我知道，爱可以支撑一切。

如果我的心血可以化做阳光，我一定将它捧上手掌，高高托举，以温暖我爱的和爱我的人，温暖在不幸之中高高地昂起头的人。

恰如我儿子手掌上流淌的、温暖我的阳光。

换一个角度
就成了智慧

　　美国的希尔顿曾经举过这样一个例子：一块普通的钢板只值5美元，如果把这块钢制成马蹄掌，它就值10.5美元，如果做成钢针，就值3550.8美元，如果把它做成手表的摆针，价值就可以攀升到25万美元。这个世界最值钱的东西是什么？是智慧。

　　许多人都在瞪大眼睛寻找财富，他们不放过世界的每一个角落，寻寻觅觅辛辛苦苦一辈子，最后却落于平淡。

　　财富的真正获得不是通过实物的买卖得来的，而是用智慧换来的。成功的人，能让他掌握的每一件东西变成财富，只要换一个角度，换一种眼光。

　　智慧人人都有，不同的是，有的人把它用成了小聪明。

　　据说爱因斯坦被带到普林斯顿高级研究所他的办公室的那天，管理人员问他需要什么用具。他回答说："我看，一张桌子或台子，一把椅子和一些纸张钢笔就行了。啊，对了，还要一个大废纸篓。""为什么要大的？""好让我把所有的错误都扔进去。"

　　可惜这个世界只有一个爱因斯坦，成不了爱因斯坦的人于是养了一大批孩子，个个都叫错误。他们溺爱、纵容、包庇着这些孩子，即便是管教，也是口是心非，他只知道一个巴掌打过去，会打疼自己的孩子，而不知道会把他打得长大。这个世界从来都是这样，当关闭一扇窗的时候，就会顺便为你打开一扇门，闪现一条路。而丢弃错误，我们就会看到一条向上的路。

英国首相丘吉尔，这位1953年诺贝尔文学奖的获得者，有生之年所成就的事业可谓轰轰烈烈，他对死亡也有自己独到的见地。据说，丘吉尔患绝症后，依旧乐观豁达。有一位记者问丘吉尔："你对死亡有什么看法？"丘吉尔若无其事地抽了一口雪茄，回答说："酒吧关门时，我便离去。"这是何等的洒脱。死亡是一个痛苦的哲学命题。史铁生一个人摇着轮椅在地坛上想了那么多年，一个活着的史铁生用漫长的一段时间去想死的事情，最后他想通了，史铁生在他的《我与地坛》中写道：我一连几个小时专心致志地想死的事，也以同样的耐心和方式想过我为什么要出生。这样想了好几年，最后事情终于弄明白了。一个人，出生了就不再是一个可以解释的问题，而只是上帝交给他的一个事实，上帝在交给我们这个事实的时候，已经顺便保证了它的结果。所以死是一件不必急于求成的事，死是一个必然降临的节日。这又是何等的坦然。

人活在这个世上，考虑生太多了，忘记了死是一种必然，于是一旦面临死境就手足无措。牵挂得越多，就越痛苦；创造得越多，就越留恋。他们太想等到一些事情的发生，太想知晓一些事情的结果，否则就死不瞑目。及至到了死亡的边缘，我们从本质上感知：人之所以怕死，是因为对另一个世界不可知；而人之所以不愿死，是因为别人都还活着。

面对生命，
必须负责到底

　　武红姗生在洛阳新安县最穷的郁山沟。2007年6月，她挂着双拐从郁山走到洛阳，用了三天。本来，她要坐长途汽车，但在她挣扎着上车时，售票小姐说了声"下去"，她就下去，咬着牙一步一步地走，有车也不坐了。

　　武红姗出生时，左手就是骨包，而且，小儿麻痹后遗症让她的右腿萎缩，高吊着不着地。爹在她6岁时病故，娘是个傻子，她一天学也没上过，挂着双拐放牛放羊。19岁那年，她开始头疼，几十天发作一次。当头疼发作时，她就跟疯子一样的撞墙。没钱看病，邻居们常送她几片止痛药。

　　2007年2月，快过春节的时候，傻娘生了一场大病也走了。她守孝四个月，就在全村人都为她发愁时，她锁了窑门，到洛阳打工去。她本想找一个一只手一条腿能干的活儿，找呀找呀没找到。半个月后，有个人教她擦皮鞋，于是，她就在街边摆了个擦鞋摊。

　　那天，她正在擦皮鞋，突然又犯病了。她倒地抽搐，两手抱头，撕心裂肺般的惨叫，接着，一头一头地用头撞墙角，直撞得鲜血直流。一旁的同行把她送到医院，医生检查出两种病：脑瘤和附带抑郁症。由于症状特殊，别说没钱，就是有钱，医院也治不了，两种病都得自己挺着。

等到那股痛劲儿过去，武红姗马上就有说有笑的，对所有人说："没事，多少年就是这样过来的。"她早就把承受这种疼痛，当做生命中必须做的事情，疼痛过去就不痛了，不痛就是最幸福了。

犯病越来越频繁。武红姗求几个同行，让她们在自己犯病时，赶紧把她送回小出租屋里。同行们也只能这样帮她。

不久，有个白发白须的老人，找到武红姗，老人是个会针灸推拿的老中医。从此，武红姗每天都到老人那扎一次针。擦一天皮鞋，下午收摊时去扎，从几根到几十根，目前已扎到百余根，一次六个多小时。老人分文不收，说他从没见过这么能忍痛的人。

那天，老人边扎针边含泪说："你这病放在谁身上，谁都受不了。"她笑着说："我得受，人命关天啊。"老人愣住了，她接着说："我占了人间一条命，就得对这条命负责，不能丢开这条命不管。"听了武红姗的话，老人站起来给她鞠了个躬。

"占了人间一条命。"这句话足以让一切人俯首：你"占"了人间一条命，你就必须负责到底。

掌心上的露珠

　　一个乞丐很早上路了，当他把米袋从右手换到左手，正要吹一下手上灰尘时，一颗大而晶莹的露珠掉到了他的掌心。

　　乞丐看了一会儿，把手掌递到唇边，对露珠说："你知道我将做什么吗？"

　　"你将把我吞下去。"

　　"看来你比我更可怜，生命全操纵在别人的手中。"

　　"你错了，我还不懂什么叫可怜。我曾滋润过一朵很大的丁香花蕾，并让她美丽地开放。现在我又将滋润另一个生命，这是我最大的快乐和幸运，我此生无悔了。"

　　乞丐一下子停住了脚步。

最成功
的拍卖

他拼命地工作，拼命地节衣缩食，数十年下来，从伦勃朗、毕加索到其他著名画家的作品，他是应有尽有。

他早年丧妻，仅有一子，儿子长大后成了一名收藏家。父亲对此感到十分自豪。

时光流逝，这个国家突然卷入了一场战争，儿子参军去了。

一天，父亲收到一封信，信上说："我们很抱歉地通知您，令郎在战斗中牺牲了。"

儿子的死无疑是一个重大打击，父亲一下子苍老了许多。圣诞节到了，但父亲一点心情也没有，甚至连床都懒得起，因为他实在无法想象，没有儿子的圣诞节该怎么过？

就在这天，门铃响了，打开门，只见一个年轻人拿着个小包站在那里。

"先生，也许您不认识我。我就是您儿子牺牲时背着的那个伤兵。"说到这里，年轻人的眼圈红了，"我不是个有钱人，没有什么值钱的东西送给您，以感谢您儿子对我的救命之恩。我记得您儿子说过您爱好艺术，虽然我不是个了不起的艺术家，但我还是为他画了幅肖像，希望您收下。"

父亲接过包裹，一层一层打开来，然后一步一步走上楼，来到画室，取下了壁炉前伦勃朗的画，然后挂上他儿子的肖像。父亲泪流满面地对年轻人说："孩子，这是我最珍贵的收藏。对我来说，它比我家任何一件作品都值钱！"

父亲与年轻人吃了顿饭，一起过了圣诞节，然后年轻人就走了。

一年后，忧郁不乐的父亲终于去世了。他收藏的所有艺术品都要拍卖。

拍卖会于圣诞节举行。世界各地的博物馆长和私人收藏家纷纷赶来，他们急切地想在这场拍卖会上投标。

拍卖师站起来说："感谢各位光临！现在开始拍卖，第一件拍卖品是我身后这幅肖像画。"后排有人大声叫喊："这不过是老人儿子的画像，我们跳过这个，直接进入名画拍卖吧！"拍卖师解释："不行，先得拍卖完了这幅画像，其他才能继续。"

会场静下来了。拍卖师说："起价100美元，谁愿意投标？"没人答话。

他又问："有人愿意出50美元吗？"还是没人答话。

他继续问："有人愿意出40美元吗？"仍然没有人吭声。

拍卖师看起来神情有些沮丧，连声音都有些颤抖了，他问："是不是没人愿意对这幅画投标？"

就在这时，一个老人站起来说："先生，10美元可以吗？你瞧，10美元是我的全部家当了。我是收藏家的邻居，我认识这个孩子，我是看着他长大的。说实话，我确实很喜欢他，我想买这幅画，10美元可以吗？"

拍卖师说："可以。10美元，一次；10美元，两次，成交！"

人群中立即爆发出一阵欢呼，人们议论纷纷："嘿，伙计，现在终于进入正题了。"

拍卖师立即说："再次感谢各位的光临！很高兴各位能来参加这个拍卖会。今天的拍卖会到此结束！"人们似乎被激怒了："这什么意思？你还要拍卖其他作品呢！"

拍卖师神情严肃地说："很抱歉，各位，拍卖会已经结束了。根据那位父亲的遗嘱，谁买了他儿子的画像，谁就拥有他所有的藏品。这就是底价！"

轻松只是
一种感觉

　　一位游客为领略山间的野趣，一个人来到一片陌生的山林，左转右转迷失了方向。正当他一筹莫展的时候，迎面走来一个挑山货的美丽少女。

　　少女嫣然一笑，问道："先生是从景点那边走迷失的吧。请跟我来吧，我带你抄小路往山下赶，那里会有旅游公司的汽车等着你们。"

　　游客像是遇见转世观音，高兴得连一句完整的话都说不出来，嘴里只是一个接一个地蹦出"好"字来。少女看到他这副模样，笑得更灿烂了。

　　游客随着少女穿越丛林，阳光在林间映出千万道漂亮的光柱，晶莹的水汽在光柱里飘飘忽忽，十分壮观。游客心想，有美女陪伴，有美景欣赏，不虚此行啊！正这么想着，少女开口说话了，她说："先生，前面是我们这儿的鬼谷，是这片山林中最危险的路段，一不小心就会掉进万丈深渊的峡谷。"

　　游客说："姑娘，既然你挑这么沉的担子都能走，那我肯定不会出什么问题。"

人生需要竭尽全力

少女停下来，认真地对游客说："我们这儿的规矩是路过此地，一定要挑点或者扛点东西。"

游客惊问："这么危险的地方，再负重前行，不是更危险吗？"

少女笑了，解释说："既然你觉得更危险了，就会更加集中精力，那反而会更安全。灾难往往发生在没有压力的游客身上。这儿发生过好几起坠谷事件，都是迷路的游客在毫无防备的情况下，一不小心掉下去的。而我们每天都担东西来来去去，从来就没人出事。"

游客不信这个邪，硬是肩不扛一枝一木地轻松上阵，跟着少女一步步走在危险的鬼谷。令他意想不到的是，果然被面前这个少女言中，自己一个趔趄，差点掉下峡谷。这样走下去每一步都蕴藏着极大的危险，游客不禁浑身冒汗。没有办法，他只好接过少女送过来的两根沉沉的木条，扛在肩上，却是轻轻松松地走过了这段"鬼谷"路。

一句俗话是这样说的：最危险的地方最安全。游客在扛上木条之后，把自己推向最危险的境地，全身心地投入，所以化险为夷，轻轻松松地走过"鬼谷"。

珍宝在身

很久以前，有一个很穷很穷的人，他听说在南方做珠宝生意的哥哥发了大财，便跋山涉水，走了几个月的路，在一个大城市找到哥哥。哥哥热情款待，弟弟高兴得大吃大喝，自然是醉得不省人事，一下子睡了三天三夜。而哥哥与外地一客商有约，必须赶路。于是，哥哥拿出当时最值钱的珠宝给弟弟缝在棉衣里，自己先走了。

三天后，弟弟醒了，才知道哥哥已经走了。无奈，这位弟弟又走了几个月的路回家了。回家后，亲友们都打听他哥哥的情况，他说：他请我吃了饭，我睡了三天三夜，哥哥走了。

就这样，这位弟弟总在讲那顿饭，却仍旧过着很穷很穷的生活。几年后，弟弟因有病无钱医治而死亡。

给我讲这个故事的人是我父亲，那时我正好18岁，父亲说：许多人都在找寻着幸福、金钱，找寻通向成功的路，可因为他们太醉心于找寻了，竟不知自己已经得到了许多"珍宝"，却仍在苦苦寻宝。这个世上能醉人的"酒"太多了，儿子，小心别醉得不识自己身上的"珍宝"。

17年过去了，每当在人生路途上休息时，我会小心检查自己的身心，看看我已经拥有了什么"珍宝"，而每次都有所收获，这让我更有信心赶路了。我应该感谢我已经辞世的父亲，是他让我明白"珍宝在身"的人生道理。

善待
并不是怕

　　我家有一块地，夹在别人的地中间，东边是张家，西边是李家。三家人的地其实是连在一起的，并没有明显的界线，只是在地头立一块石头作为标志，因此，在地中间我占你一犁，你占我一锄并不奇怪。

　　有一年春天，我跟父亲去种地，他犁地，我播种。我看见父亲犁到与张家交界的地方时，往自己的地里让了一犁。当父亲犁到与李家交界的地方时，我想他也会让一犁的，可是父亲不但不让，反而犁过界一犁去了。我问父亲："爸，干吗要占李家一犁地？"父亲说："我根本不想占他的地。"我责怪说："你明明犁过界一犁了，还说不想占。"父亲说："过一个月你再来看看就知道了。"

　　一个月后，我又跟父亲到地里，地里的庄稼长得有半尺高了，绿油油的。我发现东边的张家也让了我们一犁，这样，两家的地之间就有了一条通道，进出十分方便。而在西边，李家的庄稼和我们家的庄稼贴在一起生长，别说通道，连放脚的地方都找不到，只是根据庄稼的品种不同，才能看得出界线在那里。这也难怪，父亲犁过人家的边界一犁，人家当然就不会再留通道了。可是父亲说："你仔细看看，李家是不是占了我们家两犁地。"我蹲在地头，依照那块做标志的石头瞄了瞄，嘿，还真是李家占了我家两犁地。

我问父亲："当初明明是你犁过界一犁的呀，现在怎么变成他们占我们两犁了？"父亲说："我们西边这位是强邻，又不讲理，又贪心，鸡蛋过手轻三分。李家占过我们不少地，有一阵他们还老想移动地头那块分界石。我犁过界一犁是警告他们：老子不是好欺负的！如果我不是年年警告他们一犁，我们这块地早就没有了。"我气愤地说："爸爸，我们找李家论理去。"父亲说："那样就弄僵了，毕竟是同村人，低头不见抬头见，闹僵不好。"

父亲不但不找李家论理，见了面还会亲热地打招呼，偶尔也在一起喝酒。但每年春天，父亲必然早早去犁地，越界一犁，给李家一个警告。

我原本以为，种地只是种庄稼而已，现在才明白，种地和做人和治国竟有相似之处：不但要善待友邻，更要不畏强人。这需要智慧和勇气。

当需要
说"不"时

"'波波——卡塔——佩特尔',天啊!这个词太难说了,再让我试一下,'波波——卡塔——',我永远也读不准这个词。地理课上如果没有这个词就好了。"乔治·古尔德说,显然很不耐烦了,"你能教我读这座山的名字吗,爸爸?"

"哦,乔治,你是说这个音难发是吗?我知道还有比这更难说出口的呢。"

"唉,爸爸,这是我所见过的最难发的音了。"乔治答道,"但愿他们能把这名字丢进火山里烧掉。"

"我知道这个词怎么发,"乔治的哥哥说,"波波——卡塔——佩特尔。"乔治重复着说,"还好,但愿不要有更长的词了,读起来也没这么难。"

"我倒不这么想,"父亲说,"依我看,最难说的词是那些最短的。有一个只有两个字母的词,但只有少数孩子在想说的时候能说出来,连大人也不例外。"

"我想,那个词肯定是从德语或法语中转借来的,是不是,爸爸?"

"不，它是个英文单词。这个词在其他任何一种语言里都存在。也许你们会觉得非常奇怪。"

"两个字母的，怎能是单词呢？"两兄弟一齐说道。

"在所有的词中，我所见过的最难说的就是仅仅两个字母的'NO'。"

"你在骗我们！"兄弟俩大喊，"这可是世界上最好说的词呀！"为了证明他们父亲的错误，他们说了无数"NO"。

"我可没有开玩笑。我认为这是所有词里最难说的一个。你今天觉得很容易，明天就可能说不出口了。"

"我肯定能说出这个词。"乔治很自信地说，"NO，这就像呼吸那么容易。""好，乔治，我希望你能像想象的那样，当你应该说'不'的时候能轻轻松松地说出来。"

早晨，乔治高高兴兴地上学去了，他很自豪，因为他能把那个难读的词读出来了。

学校附近有一个很深的池塘，冬天结冰时，男孩子们常到那儿去滑冰。

一夜之间，池塘的水面成了美丽的冰面。早晨，当孩子们去上学的时候就看见了那光滑、平坦的冰面像玻璃一样。他们想，到中午冰面就会冻得足够厚实，那时就可以滑冰了。一下课，孩子们就跑到池塘边，有的想试一试，有的只是看看热闹。

"乔治，快来呀！"威廉·格林大声喊，"我们可以美美地溜上一圈了。"

乔治却犹豫不决，他说冰面只是昨天晚上才冻的，还不够结实。

"噢！笨蛋。"另一个男孩儿说，"够结实了，以前的冰面也是在一天之内冻成的，不会有问题，是吗，约翰？"

"是啊，"约翰·布朗说，"去年冬天也是一晚上就冻成了，而且今年比去年更冷些。"

乔治还是犹豫不决，因为没有得到父亲的允许他不敢去滑冰。

"我知道他为什么不来，"约翰说，"他怕摔倒。"

"他是个胆小鬼，所以不敢来。"乔治再也无法忍受这些嘲笑了，自己的勇敢一直是他的骄傲。"我不怕！"他大声说，第一个跳到冰面上。男孩们玩得十分开心，他们跑呀、滑呀，想在光滑的冰面上抓住对方。

越来越多的孩子加入了行列，几乎所有的人都很快地忘记了危险。突然，有人大喊："冰裂了！冰裂了！"果然冰裂了，三个孩子掉了下去，在水中挣扎着，乔治也在其中。

老师听到嘈杂声，立即赶到，他从旁边的一个篱笆上拆下几根木条，沿着冰面伸过去，直到水中的孩子能抓到。他终于把三个快要冻僵的孩子救出了池塘。

当乔治被送到家时，他父母伤心极了。在乔治暖和过来以前，他们什么也没说，他们庆幸他脱险了。到了晚上，当大家都坐在壁炉前的时候，父亲问他为什么忘了他的劝告。乔治回答说，他并不想去，而是其他的孩子非让他去不可。

"他们是怎样非让你去不可的，他们把你抓去的还是拖去的？"

"不，他们没拉我，但他们想让我去。"

"那你怎么不说'不'呢？"

"我想这样说，但他们叫我胆小鬼，他们这样说，我无法忍受。"

"换句话说，你宁可不听我的话，冒着生命危险也不愿对人说'不'，是吗？昨晚，你说'不'是最容易说的，但你没做到，不是吗？"

乔治开始明白为什么"不"这个字那么难以启口了。不是因为它太长，也不是因为它多音，而是因为说"不"时需要真正的勇气，尤其是当你面对诱惑的时候。

从此，每当乔治受到去做错事的诱惑时，他就会想到他是怎样逃过那一劫的。他会想起说"不"的重要性，当需要说"不"时，他会毫不费力地说出来。

什么是爱?
这就是爱

再次跟男友分开的时候，我选择一个人去车站，即使有两大包行李，因为我害怕那种离别的场面，虽然每次知道只是短暂的分开，可是还是会忍不住大哭一场，弄得男友都怕了，所以这次，我态度坚决地不让他送。男友拗不过我，只好点头答应，坐上计程车的时候，我告诉自己，不能回头看，可是在车子启动的时候，我还是忍不住回头看了一眼站在越来越远处的男友，我终究还是没有战胜自己的意志，哭了出来。

到车站时，列车已经准备开始检票了，我想，这一次，不知道又有多少人在列车的背后哭泣着。

时间正赶上学生返校，我也理所当然的没有买上座，检完票，就硬生生地往车里挤，想往前面走，人山人海，寸步难行，后退，却也是比肩继踵、压肩叠背，无奈，只好硬着头皮稍稍地往前挪动了一小步，我跟前坐着一位年轻的妈妈跟一个十几岁的女孩，我心里想：唉，现在这火车也太不地道了，刚一米三四就需要买票。还占了那么一大座位，想想我就上火。

车上很热，火车没有启动，所以空调也一直没有开，我满头大汗的像是一个刚从庄稼地里出来的小农民，脱下外套，用手不停地扇着，希望能来点凉气。

　　我看了一眼坐在身旁的母亲，低着头一直没有说话，而旁边的女儿声音有些哽咽，一会凑到妈妈耳边嘀咕两句，一会拿起纸巾帮妈妈擦拭着脸部的泪水，我环视了一下火车外面，并没有人送别啊，那这对母女是因为什么刚刚坐上火车就开始抹眼泪？

　　差五分钟，火车开始启动，空调也开启了，我终于可以凉快一下，我望着窗外，想起男友上次送我的情形，我哭得一把鼻涕一把泪的，就是不肯上车，我甚至还幼稚地说："我可不可以等下一辆。"终于，车外一个身影一直在我的眼神里晃动着，一个中年男人。女孩的两只手趴在窗户上，冲着中年男人大声地叫着："爸爸，爸爸，呜……"妈妈坐在一旁，头也不抬，手里掰拾着一个瓜仔，但是我隐约听到了她吸鼻涕的声音，她哭了。中年男子依旧在窗外努力地说着什么，他的表情非常痛楚，眼神里充满忧郁。女孩依旧呼喊着："爸爸，爸爸。"中年男子一边点头一边似乎安慰着女儿。

　　火车慢慢地移动着，似乎在为这对深情的父女争取更多的时间，中年男人慢慢地跟着火车前行，趴着窗口的女儿突然回头扯了一把低着头的抹眼泪的妈妈，眼泪从那张干净、纯真的眸子里流了下来，一滴一滴又一滴。

　　看着这一幕，心里不由得抽动了一下。

火车依旧前进着，只是开得有些快了，窗外的爸爸一直呼喊着什么，可是一直听不清，女儿的情绪非常激动，她半跪在座位上，不停地拍打着窗户，呼喊着，窗外的爸爸，紧跟着火车，渐渐地，渐渐地也加快了脚步，我突然看到他的眼中有一团模糊的东西正欲冲出眼眶，是眼泪。他一边抹着眼泪，一边追逐着前进的火车。"爸爸，爸爸别追了，别追了，我们一定会回来的，过几天就会回来的。爸爸，你别追了。"女孩的手在窗前挥动着跟中年男人告别，示意他不要再跑了。可是中年男人很是固执，他的泪，他的汗分不清地在脸上滑落。坐在一旁的妈妈，虽然我不知道这里面究竟有什么事情，可是我却看得出来，她很伤心，可是她一直在掩饰着，她努力地让自己不去看窗外的景象，可是这一刻，她终于忍不住地哭出了声。她趴在桌子上，抽泣着。

　　中年男人始终没有停下，女孩的声音有些沙哑，但她还是那么卖力地喊着，希望窗外的人能够听得到。

　　火车终于无情地提速了，我的眼里，却依然看见那个奔跑的父亲，在火车猛地提速那一刻，他蹲下身子，双手抱着头痛哭。他的背影渐渐地消失在远处，而女孩却依然执著地看着窗外，不肯回头。

　　我哭了，再也抵制不住内心的伤感，眼泪不由自主地流了出来。在那一刻，我突然好想我的爸爸，每次爸爸送我上客车的时候，他总是一脸笑容地站在那里，有一次我坐在车上，看着渐渐远离的背影，看着那张笑得有些僵硬的脸，掏出手机发了一条短信告诉他：老爸，你的笑可实在是很假啊。老爸很快地回了一条：那你也得记住！直到现在，我才知道自己是多么的愚蠢，可笑。

那个不顾一切追着火车跑的父亲，那个满脸泪水的父亲，那个蹲下身子抱头痛哭的父亲。

什么是爱？这就是爱。严厉总是父亲的代名词，可是他们给的爱，却毫不逊色于母爱。无论什么时候都不要忘记，那张严厉的面孔也有软弱的一面，他会哭，会流泪。

抹去脸上的泪水，再也看不到中年男人的脸庞，掏出手机，打给老爸。